广西第二期中职名师培养工程学员专著系列

丛书总主编：王 晞 张兴华

中职教育花盆效应探究

彭秀 黎德荣 著

北京理工大学出版社
BEIJING INSTITUTE OF TECHNOLOGY PRESS

版权专有　侵权必究

图书在版编目（CIP）数据

中职教育花盆效应探究/彭秀，黎德荣著 . —北京：北京理工大学出版社，2020.3
　　ISBN 978-7-5682-8269-7

Ⅰ. ①中… Ⅱ. ①彭… ②黎… Ⅲ. ①中等专业教育－发展－研究－广西　Ⅳ. ①G719.2

中国版本图书馆 CIP 数据核字（2020）第 043936 号

出版发行　/　北京理工大学出版社有限责任公司
社　　址　/　北京市海淀区中关村南大街 5 号
邮　　编　/　100081
电　　话　/　(010)68914775(总编室)
　　　　　　　(010)82562903(教材售后服务热线)
　　　　　　　(010)68948351(其他图书服务热线)
网　　址　/　http：//www.bitpress.com.cn
经　　销　/　全国各地新华书店
印　　刷　/　三河市华骏印务包装有限公司
开　　本　/　710 毫米×1000 毫米　1/16
印　　张　/　9.75　　　　　　　　　　　　　　责任编辑／刘兴春
字　　数　/　128 千字　　　　　　　　　　　　文案编辑／刘兴春
版　　次　/　2020 年 3 月第 1 版　2020 年 3 月第 1 次印刷　　责任校对／周瑞红
定　　价　/　48.00 元　　　　　　　　　　　　责任印制／李志强

图书出现印装质量问题，请拨打售后服务热线，本社负责调换

总 序

　　2008年，广西全面启动了首轮3年职业教育攻坚战；2011年，广西又进行了为期5年的深化职业教育攻坚。2009年，广西壮族自治区人民政府与教育部签订了《国家民族地区职业教育综合改革试验区共建协议》；2013年再次与教育部签署了深化共建试验区的协议。两轮职业教育攻坚、两次部区共建职业教育试验区，推动广西职业教育发展步入快车道。随着国家《中国制造2025》《现代职业教育体系建设规划（2014－2020年）》《高技能人才队伍建设中长期规划（2010－2020年）》的实施、"互联网+"新业态发展与"一带一路"合作倡议的提出，特别是近年来《国家职业教育改革实施方案》《深化新时代职业教育"双师型"教师队伍建设改革实施方案》等一系列加快职业教育技术技能型人才培养、深化职业教育与高素质"双师型"教师队伍发展的战略举措出台实施，为广西职业教育的发展带来了新机遇、新挑战，也提出了新目标、新要求。

　　"兴教之道在于师"。加快发展现代职业教育，提升技术技能人才培养能力，教师队伍建设是关键。广西壮族自治区教育厅从2010年开始实施广西中等职业学校名师培养工程，为广西中职名师的脱颖而出铺路架桥，着力打造一支高素质、高层次、专家型的广西中职名师队伍，提高广西中职教师队伍整体建设水平，促进完善德技并修、工学结合育人机制，推动广西中等职业教育质量提升和现代化发展，为促进广西经济社会发展提供优质技术技能人才资源支撑。在广西第一期中等职业学校名师培养工程（2010－2015年）取得良好成效的基础上，广西师范大学作为承办单位，在广西第二期中等职业学校名师培养工程（2016－2019年）实施过程中，进一步探索中职教师专业发展规律，采取"多元开放、理实交融、项目驱动、道技相长"四位一体的培养模式和"结构化与个性化结合、技能性与学理性并重、导师制与自驱动共融"的培训策略,将阶段性集中培训、岗位自主研修和全过程跟踪指导有机结合,实现对中职名师培养对象的多维度、系统化培养。

教师的发展与提高,一靠内生动力,二靠资源条件。教师专业化培训是帮助教师学习、提高教育教学技能与实践创新能力的重要途径。广西中等职业学校名师培养工程为有发展潜质和强烈进取精神的优秀中职教师搭建一个视野宽广、资源丰富的学习和锻炼的高层次平台,创造一个中职优秀教师集聚的学习型组织、一个共同发展的精神家园。中职名师并非可以通过培养工程项目结业一蹴而就,因为中职名师需要实践的锤炼和时光的磨砺,需要更多实绩的证明和社会的认同。如果被培养者有强烈的自主发展意识,有主动学习的动力,珍惜培养机会,挖掘自身潜能,认真向导师、同伴学习,在教育教学实践中不断超越自我、追求卓越,那么善教学、会研究、有创新,获得学生欢迎、行业认可的中职名师就一定会层出不穷。

令人欣喜的是,广西第二期中等职业学校名师培养工程的学员们在3年培养期里取得了突出成绩,涌现出国家"万人计划"教学名师、全国优秀教师、广西教学名师、特级教师等新一代中职教育领军人物,在广西中职教师群体中发挥了示范引领作用,成为广西职业教育发展的中坚力量。广西中等职业学校名师培养工程已经成为广西中职师资培训的特色品牌,被誉为"着眼和服务广西职业教育未来发展的教师教育工程",在广西中职教师队伍建设工作中具有里程碑的意义。

着眼于进一步发挥中职名师培养对象的社会贡献,辐射培训基地师资培养经验,"广西第二期中职名师培养工程成果书系"得以编纂出版,使广西广大中职教育同仁能够共享这一优秀师资培训工程的资源与成果。在这套成果书系中,生动地呈现了善学习、会思考、充满责任感和使命感的培养对象、专家导师等个体形象,以及由他们共同组成的优秀教师群体和专业化培训团队的形象。学海无涯,总结提炼其求索成长路上的进取与感悟、心得与智慧,对广西中等职业学校名师培养工程具有一定的借鉴意义。

中职教师队伍的建设，任重道远；中职教师教育的创新，前路漫漫。诚愿广西中等职业学校名师培养工程系列成果能在关心广西中职教育的教育工作者和业界朋友中引起共鸣，进一步激活广西中职教育发展的蓬勃力量和无穷智慧，为广西职业教育改革发展提供人才保障和智力支持做出更多贡献。

是以为序，与广大中职教育同仁共励共勉。

本书编委会

前 言

本书从园林技术理论视角，分析中等职业教育出现的类似于园林技术专业学术盆景生长环境、生存状态、成长发育、环境效应等现象——"花盆效应"现象。本书尝试以园林技术"花盆效应"现象诠释中等职业教育中出现的类似"花盆效应"的现象，以园林技术专业花盆现象的判定、解决、应用、拓展理论实践，构建中等职业教育花盆现象的基本理论、应用实践、拓展与前景。

第一、第二章主要阐述了"花盆理论"的起源、"花盆理论"的延伸、拓展及在教育上的应用状况，定义教育"花盆"、教育"花盆效应"概念，对教育"花盆效应"进行分类，分析教育"花盆"现象的功能、特征及在教育上的作用规律。重点介绍了中等职业教育"花盆效应"现象，中等职业教育"花盆效应"类别、特征功能等。

第三章从物质环境、人文环境、政策环境、师资资源环境等环境现状视角，介绍了广西壮族自治区中等职业教育现状，以生态学"花盆效应"原理分析中等职业教育环境中的教育"花盆效应"现象。

第四章具体以相关"花盆效应"实例分析广西中等职业教育出现的各类局限性"花盆效应"，效应产生的功能、影响。

第五章对广西"花盆效应"资源、结构优化，"花盆结构"资源、层次的破旧立新进行分析，提出广西区域中等职业教育可持续发展理念、长效机制个人观、个人建议。

本书第一、第二章由广西桂林农业学校黎德荣教师撰写，第三、第四、第五章由广西钦州农业学校彭秀老师撰写。全书由广西钦州农业学校彭秀老师统稿。初次撰写著作，文笔稚嫩，理论基础单薄，资源欠缺，水平有限，有不足或疏忽之处，敬请专家、读者批评指正。

  本书撰写期间，曾得到广西师范大学职师学院李咏梅教授的热情指导，得到广西机电职业技术学院院长蒋文沛教授、北部湾职业技术学校谭洁老师、市教科所、部分中学老师的帮助，在此一并表示衷心感谢。

作　者

2019 年 8 月 20 日

目 录

第一章 教育"花盆理论" …………………………… 001
  第一节 生态学的"花盆理论" …………………… 001
    一、"花盆理论"概述 ………………………… 002
    二、花盆的起源 ……………………………… 002
    三、"花盆理论"的延拓 ……………………… 004
  第二节 教育"花盆效应"理论 …………………… 004
    一、教育"花盆效应"理论概述 ……………… 004
    二、教育"花盆效应"的环境 ………………… 006
    三、教育"花盆效应"的类别 ………………… 014
    四、教育"花盆效应"的结构 ………………… 018
    五、教育"花盆效应"的功能 ………………… 023
  第三节 教育"花盆效应"的特征、规律及演变 …… 026
    一、教育"花盆效应"的特征 ………………… 026
    二、教育"花盆效应"的规律 ………………… 029
    三、教育"花盆效应"的演替 ………………… 030

第二章 中等职业教育"花盆效应" ……………… 032
  第一节 中等职业教育"花盆效应"概述 ………… 032
    一、中等职业教育现状 ……………………… 032
    二、中等职业教育"花盆效应"综述 ………… 035
    三、中等职业教育"花盆效应"研究现状及进展 … 035
  第二节 中等职业教育"花盆效应"的类别、结构与特征 … 036
    一、中等职业教育"花盆效应"现象 ………… 037
    二、中等职业教育"花盆效应"类别 ………… 037
    三、中等职业教育花盆结构 ………………… 042
    四、中等职业教育"花盆效应"的特征 ……… 043

第三章 广西中等职业教育"花盆效应"现象研究 …………… 048
第一节 广西中等职业教育现状 ……………………………… 048
一、广西中等职业教育现状概述 ………………………… 048
二、广西中等职业教育物质环境现状 …………………… 049
三、广西中等职业教育人文环境现状 …………………… 050
四、广西中等职业教育对象的生理和
心理环境现状 …………………………………………… 052
五、广西中等职业教育政策环境现状 …………………… 053
第二节 广西中等职业教育的"花盆效应"现象 ………… 054
一、广西中等职业教育"花盆效应"类别研究 ………… 055
二、广西中等职业教育"花盆效应"结构研究 ………… 061
三、广西中等职业教育"花盆效应"影响研究 ………… 062
四、广西中等职业教育"花盆效应"内涵与
外延研究 ………………………………………………… 063

第四章 广西中等职业教育"花盆效应"现象实例评析 …… 064
第一节 广西中等职业局限类教育"花盆效应"现象
实例评析 ……………………………………………… 064
一、广西中等职业局限类教育"花盆效应"现象
类别 ……………………………………………………… 064
二、广西中等职业局限类教育"花盆效应"现象
各类别的功能 …………………………………………… 067
三、广西中等职业局限类教育"花盆效应"现象
各类别的效应 …………………………………………… 075
四、广西中等职业局限类教育"花盆效应"现象
各类别实例评析 ………………………………………… 080
第二节 广西中等职业促进类教育"花盆效应"现象
实例评析 ……………………………………………… 087
一、广西中等职业促进类教育"花盆效应"现象
类别 ……………………………………………………… 087

二、广西中等职业促进类教育"花盆效应"现象
　　　各类别的功能⋯⋯⋯⋯⋯⋯⋯⋯⋯⋯⋯⋯⋯⋯ 089
　　三、广西中等职业促进类教育"花盆效应"现象
　　　各类别的效应⋯⋯⋯⋯⋯⋯⋯⋯⋯⋯⋯⋯⋯⋯ 091
　　四、广西中等职业促进类教育"花盆效应"现象
　　　各类别实例评析⋯⋯⋯⋯⋯⋯⋯⋯⋯⋯⋯⋯⋯ 095
　第三节　广西中等职业协同发展类教育"花盆效应"
　　　　　现象实例评析⋯⋯⋯⋯⋯⋯⋯⋯⋯⋯⋯⋯⋯ 098
　　一、广西中等职业协同发展类教育"花盆效应"
　　　现象类别⋯⋯⋯⋯⋯⋯⋯⋯⋯⋯⋯⋯⋯⋯⋯⋯ 099
　　二、广西中等职业协同发展类教育"花盆效应"
　　　现象各类别的功能⋯⋯⋯⋯⋯⋯⋯⋯⋯⋯⋯⋯ 101
　　三、广西中等职业协同发展类教育"花盆效应"
　　　现象各类别的效应⋯⋯⋯⋯⋯⋯⋯⋯⋯⋯⋯⋯ 103
　　四、广西中等职业协同发展类教育"花盆效应"
　　　现象各类别实例评析⋯⋯⋯⋯⋯⋯⋯⋯⋯⋯⋯ 104
　第四节　广西中等职业博弈类教育"花盆效应"现
　　　　　象及实例评析⋯⋯⋯⋯⋯⋯⋯⋯⋯⋯⋯⋯⋯ 106
　　一、广西中等职业博弈类教育"花盆效应"现
　　　象类别⋯⋯⋯⋯⋯⋯⋯⋯⋯⋯⋯⋯⋯⋯⋯⋯⋯ 106
　　二、广西中等职业博弈类教育"花盆效应"现
　　　象各类别的功能⋯⋯⋯⋯⋯⋯⋯⋯⋯⋯⋯⋯⋯ 109
　　三、广西中等职业博弈类教育"花盆效应"现
　　　象各类别的效应⋯⋯⋯⋯⋯⋯⋯⋯⋯⋯⋯⋯⋯ 111
　　四、广西中等职业博弈类教育"花盆效应"现
　　　象各类别实例评析⋯⋯⋯⋯⋯⋯⋯⋯⋯⋯⋯⋯ 113
第五章　广西中等职业教育"花盆现象"对策研究 ⋯⋯⋯⋯ 117
　第一节　广西中等职业教育"花盆效应"优化研究 ⋯⋯ 117
　　一、结构优化⋯⋯⋯⋯⋯⋯⋯⋯⋯⋯⋯⋯⋯⋯⋯⋯⋯ 117

二、层次结构优化 ………………………………………… 118
　　三、资源优化 ……………………………………………… 119
　　四、政策把握与优化运用 ………………………………… 123

第二节　广西中等职业教育"花盆效应"的破与立研究 … 124
　　一、"花盆结构"的破与立 ……………………………… 124
　　二、资源的破与立 ………………………………………… 125
　　三、层次的破与立 ………………………………………… 128

第三节　广西中等职业教育"花盆效应"优势
　　　　可持续发展研究 …………………………………… 132
　　一、区位、经济、政策优势 ……………………………… 132
　　二、研究放大资源优势，谋划资源与职业教育
　　　　共生的可持续发展道路 …………………………… 132

第四节　广西中等职业教育"花盆效应"长效机制
　　　　研究 ………………………………………………… 134
　　一、专业成长"花盆效应"促进效应长效机制
　　　　研究 ………………………………………………… 134
　　二、师资成长"花盆效应"促进效应长效机制
　　　　研究 ………………………………………………… 135
　　三、资源优势保持的长效机制研究 ……………………… 138

结束语 …………………………………………………………… 142
后记 ……………………………………………………………… 143

第一章　教育"花盆理论"

　　自然界的每一种现象都不是孤立存在的，而是彼此相关联的，同时也存在着相似甚至于相同的特征、症状、现象、功能、效应等。人类社会是自然界的组成部分，人类是自然界中善于学习的生物群体，可以借助其他生物群体的特征、症状、现象、功能、效应等研究人类社会本体，促进人类社会人文、科学等的进步与发展，于是有仿生学、仿真学等学科产生并发展。人类教育的发展，也是在对自然环境的适应中不断改革发展进步的，通过对自然现象与教育现象对比研究，形成以自然现象特征、特点、效应、功能解决教育中出现问题的教育模式，教育生态学就是其中典型的以生态学理论诠释教育环境与教育之间的相互作用、相互依存关系的教育学衍生学科。教育生态学的起源、产生、发展，引导了生态学相关理论在教育上的应用与深入研究。生态学"花盆理论"、效应，与教育环境、局限效应无限相似，很早就引起业界的关注。于是，生态学花盆理论、"花盆效应"理论的研究被引入了教育界，其起源、类别、效应、延拓也随之进入教育界。

第一节　生态学的"花盆理论"

　　花盆，是现代社会常见的家庭绿化美化的绿植容器。这个容器及容器的发明、应用、内外环境对于绿植的影响是历史长河中人类为满足需要而创造、研究、应用、推广的。研究花盆、花盆环境及其衍生的影响、效应，有利于人类更好地满足绿化美化需要，更好地利用资源、工具，达成最佳效果。

一、"花盆理论"概述

花盆是一个半人工半自然的小生态环境，生态学上称为"局部生境效应"，常常也称为"花盆效应"。花盆形成了局限性的环境空间，人为地提供适宜的环境，在人工控制的温度、光照、水分、空气、土壤等环境条件下，一段时期内，花盆里的植物可以长得好。但是，它们对自然环境的适应值在下降，花盆里的植物离开人的精心照料，离开了花盆小环境，会经不起自然生态的温度、光照、水分、空气、土壤等环境的变化，花盆的植物个体、群体就会失去生存能力，不可能像黄山松那样，经得起风吹雨打，也不像腊梅花"凌寒独自开"受得住高温或严寒[1]。

二、花盆的起源

花盆是指种植花、草、树木的容器。在盆栽和盆景出现时，人们用瓶、盆、箱等容器种植植物，因此花盆的起源是伴随中国的盆景出现而出现的，可以追溯到新石器时期。1977—1978年，浙江余姚河姆渡村出土的新石器时期的陶片上，绘有盆栽植物的图案，这是我国目前发现最早用于盆栽的花盆[2][3]。从河北省望都县出土的东汉（公元25—220年）墓壁画上绘有圆盆，花盆内栽有红花六枝，花盆下配有方形几架一座，植物、盆盎和几架三位形成一个整体[4][5]，这可以看成是我国花盆出现的初期形式。同时，也可以看出，那时我国盆景中的花盆艺术在理论和实践方面已达到了相当高的水平。1972年，在陕西乾

---

[1] 吴鼎福，诸文蔚. 教育生态学 [M]. 南京：江苏教育出版社，2007，168.
[2] 彭春生等，盆景学，北京：中国林业出版社，1994. 16.
[3] 彭春生，盆景起源的研究，中国园林，1985（2）：34.
[4] 望都汉墓壁画，中国古典艺术出版社，1955. 图版14.
[5] 李树华，中国盆景的形成于起源的研究. 农业科技与信息：现代园林，2007（10）：22-31.

陵发掘的唐代章怀太子墓（建于706年）甬道东壁绘有侍女手托盆景的壁画，是迄今所知的世界上最早的花盆造景的实录。宋代盆景已发展到较高的水平。当时的著名文士如王十朋、陆游、苏东坡等，都对盆景作过细致的描述和赞美。明清时代盆景更加兴盛，已有许多关于盆景的著述问世。"盆景"一词，最早即见于明代屠隆所著的《考盘余事》。20世纪50年代以后，盆景制作在公共园林、苗圃和民间家庭有了很大的普及，并成立了盆景协会，经常举办盆景园和盆景艺术展览等[1]。

六朝文化时期，已经有高热度的彩陶的产制，也能烧制出极优美的黑陶花盆。唐代（公元618—907年），盆栽以艺术的面貌朝向另一个新时代发展；将树木和山石组合，浓缩到盆钵中，升华为一种"山水盆景"，种"盆玩"，即现在的"栽景"。当时的盆栽不仅在民间流行，在宫廷中也被视为珍品来观赏，同时盆栽用的陶瓷也非常兴盛。例如，霍州窑、寺州窑、岳州窑等及其他许多烧制场，遍及全国，尤其北方荆州窑所烧制的"白瓷"与南方越州窑的"青瓷"，更是举世无双的名器，也是世界现存最早的花盆，现在北京博物馆尚存有这时期的古盆。宋代，盆景艺术更趋完美。宋盆景分为"树木盆景"与"山水盆景"，在《洞天清录》一书中备叙详尽。当时，盆景与雅石构图、设计都相当考究，作品洋溢着诗情画意。其中以北宋所画《十八学士图》最负盛名，四轴画中的两幅有三盆盆景，有一盆盆松，叶偃枝盘，枝如屈铁，悬根出土，老干生鳞，俨然百年之物，种植于方形浅盆中。宋朝花盆，以青瓷、白瓷单色美为主，是其特色。其中，以河南的汝窑、钧窑以及江西景德镇的施釉花盆最为著名，现尚存于台北故宫博物院；唐、宋时代，玩赏盆景与雅石，上自皇室贵族，下至庶民，风气鼎盛，盆钵样式与种类也美丽繁多[2]。

---

[1] 360百科·《盆景》，https://baike.baidu.com/item/%E7%9B%86%E6%99%AF/83189? fr = aladdin.

[2] 360百科·《盆栽》，https://baike.baidu.com/item/%E7%9B%86%E6%A0%BD/4800435? fr = aladdin.

三、"花盆理论"的延拓

"花盆理论"源自"花盆效应",人为地将花盆、植物、环境因素组成局部空间,形成一个半人工半自然的小生态环境,创造出类似但又不同于大环境大自然的生态环境。花盆里的植物离不开人为调控和照料,对外界环境变化的适应能力不强。"花盆效应"是小生态环境,延伸到花坛、园林造景、庭园园林等人工的园林,以及现代设施化生产中用于园艺园林植物栽培的智能温室、塑料大棚,可以根据植物的需要提供养分、温度、水分、光照、空气等生态环境,这些都是人工打造的小生态环境,建池养鱼,放牧养殖,牛羊圈养等产生的也都是"花盆效应"的现象。

第二节 教育"花盆效应"理论

在教育中人们发现,教育的大环境、小环境、内外环境等,对于受教育者、教育实施者、教育管理等,类似于一个花盆,与生态学花盆有着相似的环境效应,且与生态学"花盆效应"一样,通过环境的调控、改变可以优化"花盆环境"的效应,防止、抑制、降低一些不良效应的产生、放大、发散。因而,教育专家、教育工作者应用生态学"花盆效应"理论,研究和解决教育问题。

一、教育"花盆效应"理论概述

在生态学上,称为局部生境效应的"花盆效应",在教育生态中,表现得尤为明显,家庭教育、社会教育、学校教育都或多或少存在"花盆效应"。例如,在家庭教育中,一些长辈对孩子过分娇惯和溺爱,"捧在手里怕摔了,含在嘴里怕化了",总是希望为孩子提供优越的环境,替孩子包办很多事,溺爱下的一些孩子过着"衣来伸手、饭来张口"的日子,一切依赖别人,凡事都由大人代劳,孩子不会劳动,甚至厌恶劳动,把孩子封闭在狭小的家庭天地里,养尊处优,与大环境割裂开来,上了小学还不会穿衣脱袜,甚至有些孩子进入大学还不会洗衣做饭，生活自理能力差（中央电视台播放的"神童"魏永康的经历就表现了一位母亲的溺爱所导致的严重后果）[1]。特别是有些家长舍不得让孩子上幼儿园，中学、大学也舍不得让孩子住校，怕孩子吃不好、睡不暖、受人欺，缺失了感受生活、独立生活、融入集体生活的锻炼，至使孩子在学校，将来进入社会生活自理能力差，无法适应社会，总是喜欢依赖父母。这对孩子的危害不是一时，对他们一生的成长都具有负面的影响[2]。

在学校教育中，由于学校教育是封闭或半封闭的教育体系，以及各种人为因素的影响和设定教育环境，学生在学校有限的社会实践等局部环境里生活，远离现实生活世界，加上学校教育的教学内容、教学方法、实践条件陈旧落后，重理论、轻实践，从书本到书本[3]，教育脱离生产，脱离社会主义现代化建设，脱离现实世界。学生的动手能力、创造能力、生存能力不足，导致学生肤浅、自卑、脆弱，产生封闭的"花盆效应"；步入社会，受不得委屈、经不起风浪，碰到一点挫折，就容易灰心丧气、丧失信心，甚至产生轻生的念头。

为了克服这种"花盆效应"，首先需要培养学生的"生存能力"。一方面在家庭教育中，家长不要包办孩子的事情，也不要过度保护孩子，给孩子足够的空间，鼓励孩子动手，让孩子体验生活的磕磕碰碰，学会面对挫折，引导孩子自我发展，还要教会青少年种种应变能力，教孩子遇到歹徒、拐骗者怎么办，遇到洪水、地震怎么办，自己迷了路怎么办。另一方面，学校教育要走出学校办教育，走向社会大环境，延伸到现实生活中，关注学生发展的需要，教育得贴近生活，加强社会实践。从根本上说，要打破封闭式的教育系统，建立开放型的教育生态系统，让师生们走出校门，接触自然环境，更要接触社会实际，接触那些体现时代精神风貌的规范环境，接触先进的事物和个人。让学生认识自

---

[1] 王世枚. 武陵地区师资队伍的历史与现状研究 [M]. 北京：民族出版社，2005.
[2] 王素玲. 教育生态观与教育生态化 [D]. 合肥：合肥工业大学，2006.
[3] 舒婷婷. 高校教育的"花盆效应"及其应对——基于后现代主义教育思想的视角 [J]. 《学理论》，2014（5）.

然，了解社会，懂得个人在社会大系统中以及人类在生物圈中应有的地位、责任和作用[1]。

二、教育"花盆效应"的环境

环境是指生物有机体生存空间内各种因素的总和。环境既包括以大气、水、土壤、植物、动物、微生物等为内容的物质因素，也包括以观念、制度、行为准则等为内容的非物质因素；既包括自然因素，也包括社会因素；既包括非生命体形式，也包括生命体形式。环境是相对于某个主体而言的，主体不同，环境的大小、内容等也就不同。例如，有自然环境和人文环境；也有家庭环境、社会环境、教育环境；无机环境、有机环境；政治环境、经济环境、文化环境等。这些主体之间和主体与周围所有因素之间相互影响、相互作用，有着内在的联系[2]。

生态环境，也称为生境。它是各种生态因子综合起来，影响某种生物（包括人类）的个体、种群或某个群落的生态环境。北极熊和鲨鱼的生态环境是不同的，人类生态环境和鸟类的不一样。其中，以主导因子的不同而分成不同的生境，如湖泊生态环境、海洋生态环境、高山生态环境、草地生态环境等。从宏观上讲，最大的生态环境是生物圈，其次是以国家或地区形成的生态环境。从微观上看，最小的生态环境是栖所、小生境或局部生态环境[3]。

教育花盆环境是教育的生态环境。人是教育活动的主体，研究教育的发展离不开教育的生态环境，彼此之间存在着协同进化的关系。教育的花盆环境，是以教育为主体，对教育的产生、存在、互作、制约、发展和调控作用的各种环境系统的总和。宏观的教育花盆环境从宏观上看，以教育为中心，结合外部的所有环境，组成单个的或复合的教育花盆环境。从微观上看，最小的教育"花盆"环境可以缩小到学校、教室、宿舍的局部生态环境。分析生态环境对教育的影响，是研究教育

---

[1] 吴鼎福，诸文蔚. 教育生态学 [M]. 南京：江苏教育出版社，2007：170-171.

[2] 吴鼎福，诸文蔚. 教育生态学 [M]. 南京：江苏教育出版社，2007：19.

[3] 吴鼎福，诸文蔚. 教育生态学 [M]. 南京：江苏教育出版社，2007：19-20.

"花盆效应"的基础和一种发展方向。依据教育主体与各种生态环境相互作用和相互关系分为物质环境、人文环境、政策环境和教育对象的生理和心理环境。

(一) 物质环境

教育中的教育者和受教育者既是社会人，又是自然人（生物）。在教育的周围存在着三种环境圈层，除了社会环境和政策环境外，还有物质环境。物质环境是教育必要的支持条件，是影响教育的重要因素，物质环境包括固定场所、场地、材料、设备、光、温度等自然界的物质。

人类赖以生存和发展的生物圈。太阳为生物圈提供充足的能源。在过去的100年间，由于人为因素向大气中排入大量的二氧化碳（CO_2），引起了"温室效应"。气圈的生态作用在于供给生物和人类所必需的碳、氢、氧、氮，保护生物和人类不受外层空间宇宙射线的危害。由于大量的化学物质氟利昂等散发到大气中，臭氧量减少，臭氧层被破坏，甚至有的地方，例如南极上空，已出现空洞，紫外线大量辐射到地面，造成人类皮肤癌、角膜癌等病症。大量污水排入水体，引起人类、生物各种疾病。水是生命之源，水源受到不同的污染，1956年日本曾经由于水污染（汞中毒）引起水俣病，日本富山县大米中的镉污染引起骨痛病事件。生物圈不仅是人类赖以生存和发展的生命圈，对于教育来说，它既是最大的生态空间，又是最基本的生态环境，它给予教育直接的或间接的影响。很显然，只有在健全的生物圈里，生物才能繁衍，人类才能进步，教育才能发展。

自然生态环境简称自然环境，包括非生物环境（如高山、丘陵、平原、极地、沙漠、江川、湖泊、海洋等）与生物环境（如森林、草原、灌木丛、苔原、微生物区系、动物种群、植物群落等）每种自然环境，又是各种生态因子的复合，甚至某一种生态因子还综合着若干因子。例如，太阳光不仅有可见光，而且还有紫外线、红外线、γ射线、X射线等。自然环境是人类生存和发展的基本条件，又是人类认识、利用和开发的对象，对于教育，尤其对青少年长身体、长知识都会产生直接或间接的影响。美好健康和谐的校园环境、舒适的学习空间、洁净的活动场所，会对学生产生有形和无形的教育。例如，广西桂林农业学校，自1958年建校以来，校园规划设计一直强调生态校园、绿色校园建设，校园内有岭南第一名园——雁山园。桂林雁山园景区起始于1646年南明王朝永历帝朱由榔的秘密行宫，后来成为桂林唯一壮王土司府邸，近代是广西大学、广西师范大学的校址及广西艺术学院、广西桂林农业学校创办地，被孙中山和郭沫若先生誉为"岭南第一名园"。既具备苏杭园林曲径通幽，又有由汉族皇帝和壮族土司鉴赏的真山真水风水格局的大气纵横，历来有"岭南大观园""岭南拙政园""岭南留园"的称谓。雁山园园内涵括桂林山青、水秀、洞奇、石美的山水特点，可称"桂林佳境，一园看尽"。胡适先生游览过的相思洞、相思江，日月双山乳钟山和方竹山，真山真水构建的大观园结构园林风貌，是桂林唯一的自然山水与人文紧密结合的校园文化景区。在校园内，教师带领学生规划设计建成有小乐园、飞扬广场、报春湖、桃花岛等园林休闲实训一体实训景观，运动区有户外拓展训练场；在校园楼宇前后，干道两侧植树种花，挖塘蓄水，养鱼种莲；打造实训基地，建观光长廊，建设温室，种果种树种花种草，栽梅、竹、桃、桑，挂百香果，垂珠帘（锦屏藤）；教室门前筑花坛、建花圃，甬道两旁栽桂花。现在，校园四季如春：春天赏桃花、梨花、金钟、月季；夏日，葡萄串串沿墙挂，睡莲映日鱼戏水；秋季桂花满园香；冬日红梅迎春，学校成了园中园。优美的环境，熏陶了学生的情操，培养了学生对大自然的美感和对生活的热爱。植物学课"绿色植物开花的分类"，园林建筑赏识可以在校园内现场实习。美术课，学生可以在校园里取景写生，相思江畔、相思湖上，荷塘边、花丛中，学生进入了诗情画意的境界。校园环境展示了大自然扑朔迷离的色彩。环境教育人、造就人，美好又洁净的环境对学生的德、智、体、美育都起到了潜移默化的积极作用[1]。

（二）人文环境

人文环境一般来说，是人类特有的生活环境，实际就是人们周围的

---

[1] 吴鼎福，诸文蔚. 教育生态学［M］. 南京：江苏教育出版社，2007：30.

社会环境。社会环境包括政治环境、经济环境,以及学校环境、家庭环境、院落环境、村落环境、聚落环境、城市环境等。

　　家庭教育对教育具有重大影响。家庭是人生的第一所学校,是一个人健康成长的第一课堂,也是一生都离不开的学校,家庭环境对个人成长起着潜移默化的作用。人们出生的第一环境就是家庭,父母是孩子的启蒙老师,也是孩子的终身老师。在家庭中,家人,尤其是父母对儿童最了解,容易因材施教。同时,家庭是爱的中心,所以教育亦是爱的教育。常言道:"有什么样的家庭,就有什么样的孩子"。良好的家庭环境能够促进孩子健康成长,不好的家庭环境会对孩子产生不良影响,阻碍孩子发展,甚至毁灭人生。家庭经济环境好的孩子,利用好生活和学习条件能更好地发展自己;相反,如果只会享受、不思上进,也不能成才。一些家庭对孩子娇生惯养、过分溺爱,孩子是家里的"小祖宗""小皇帝",容易养成骄气和娇气,甚至个性孤僻,不能合群。人的品质的发展与家庭环境的状况关系十分密切。有些家庭环境良好,有助于青少年(儿童)德育的发展,且能配合学校,提供积极的辅助和引导;有些家庭则相反,家长对孩子态度消极或放任不管,或者简单粗暴,对孩子的态度不一或要求不同,往往会对学校的教育起抵消作用,甚至使孩子受到不良的影响[1]。家庭成员尤其是父母的职业和文化素养对孩子的各方面也有一定影响。陈火生在《家庭环境对教育的影响》一文中提到,父母是干部的孩子,学习优秀占67%,良好占33%,较差的没有;技术工人中,学习优秀的占75%,良好的占25%,较差的没有;一般工人中,学习优秀的占14%,良好的占43%,较差的占43%;父母无业,子女学习优秀、良好、较差的比例分别是33%。家庭的社会关系、社会地位、经济条件、家庭成员间的关系、家庭成员的业余爱好等,都会从正面或反面对孩子起潜移默化作用,特别是孩子幼小的时候,缺乏判别是非的能力,模仿性强,更会产生积极的或消极的结果[2]。

---

[1]　吴鼎福,诸文蔚. 教育生态学 [M]. 南京:江苏教育出版社,2007:28.
[2]　陈火生. 家庭环境对教育的影响 [J]. 百度文库 – 专业资料 – 人文社科 – 军事/政治, https://wenku.baidu.com/view/82a3bc16a5e9856a561260cb.html).

学校环境对教育有着重大影响。杜威指出："学校是一种特别的社会环境，它用专门的设备来教育孩子。"在学校环境中，校园布局、学校建筑、校容校貌、绿化景观、环境卫生、学习氛围都负有教育功能。造型艺术的建筑、盆景、绿化景观象征某种理想和精神，既是学习环境，也丰富文化生活、陶冶身心。图书馆和教室等活动的空间，必须宁静、方便学习。因此，校舍建筑要多样而又统一，均衡而又协调。多样使人活泼，统一使人安稳，协调使人舒适，均衡使人敦实。学校建筑的位置，及其所处的自然环境和社会环境，都可以产生积极的或消极的作用。学校宜尽量远离混乱的街道，充分利用和创造自然景观，使学校环境幽静。学校环境中学习氛围影响学生的学习行为。如果学校环境"净化"，读书气氛很浓，学生好学向上、勤奋、求实，有理想、有抱负，相互激励，学生的全面质量就会提高。但是，如果"读书无用论"泛滥，"60分万岁"盛行，那么"手机控""低头族""玩游戏"必然兴起，那么学校将不成其为学校。同时，图书、设备条件也很重要。学校只有有了充实而又藏书丰富的图书馆，才能改变教学的方式方法，培养学生的自学能力。目前，不少中、小学校缺少图书，使教学限于课堂上讲述，把学生囿于教科书之中。实验设备是提高教学质量的重要物质条件，是使学生动手动脑、加强实践环节的必要前提。它有助于学生深刻地领会和牢固地掌握知识，激发学习兴趣，启迪思维，培养分析、综合能力，训练开拓、进取和创新精神。然而，由于财力不足和科学技术发展的水平等因素限制，第三世界的一些国家和地区，尤其是广大农村的中小学缺乏必要的仪器设备，一定程度上限制了智力的开发、能力的培养以及科学素质的提高。即使是一些发达国家，也还存在技术设备更新的问题[1]。

教育并不限于学校的教育，社会化教育对教育也有着重大的影响。第一类是各种类型的博物馆（院）、纪念馆、碑林、历史遗迹等。具体的有历史博物馆、军事博物馆、文物陈列馆、烈士事迹纪念馆、名人纪

---

[1] 吴鼎福，诸文蔚. 教育生态学[M]. 南京：江苏教育出版社，2007：30-31.

念馆和名人故居、先驱或先烈的陵园，以及各种政治性、历史性纪念馆。这是对青少年进行爱国主义教育、革命传统教育以及优秀的民族文化传统教育的阵地和场所，它起着唤起人们的觉悟、激励奋发向上的精神、明确方向、增添动力的教育效果。第二类是科技、文化和艺术活动的机构。如少年宫或青年宫、青少年科技活动中心，这些机构和设施可以让青少年自己活动或参观，把他们带进知识海洋和深邃的科学迷宫，激发他们的好奇心和求知欲望，引起他们对科学的热爱和追求。第三类是娱乐活动场所和某些实践性环节，如儿童游乐场、少年活动中心以及各种夏令营、冬令营等。孩子们在这些场所的各种不同形式的娱乐和活动中，接受教育，学习知识，发展机能，培养能力，通过活动加强团结友爱，发扬互助合作的精神，受到组织性、纪律性的锻炼，养成一丝不苟的作风，从小学习做国家的主人。此外，还有各种参观、旅游活动。如参观绘画、书法等专门的展览，各种建设成就（新产品、新技术）展览；参观自然博物馆（动物园、水族馆、植物园），各种自然保护区、国家公园和名山大川；参观大型建设工程和先进单位，使青少年接受自然美和艺术美的熏陶，以及人工创造奇迹的鼓舞，使他们在德、智、体、美、劳诸方面都能吸取到丰富的营养，学到许多在学校里和书本上学不到的东西。所有这些，都促进了青少年的成长，克服了教育生态学上的"局部生境效应"[1]。

经济对教育起着指导作用。社会经济为教育的协调发展提供物质基础，直接提供教育经费、实物形态的教育设施。经济的发展，对教育主体而言，一是保障受教育者的受教育权利，如我国现行的九年制义务教育，保障了中小学生受教育的权利，这是经济对教育最显著的影响之一；二是经济的发展，国家对教育投资的提高，教学环境、教学设备、实训场所的改善，保障了教育的实施；三是教师待遇提高，也有效地提高工作热情，在一定程度上促进教育的发展[2]。

政治对教育有着多方面作用与影响。例如，我国在"文化大革命"

---

[1] 吴鼎福，诸文蔚. 教育生态学 [M]. 南京：江苏教育出版社，2007：33-34.
[2] 吴鼎福，诸文蔚. 教育生态学 [M]. 南京：江苏教育出版社，2007：35.

时期的工农兵保送上大学，以及 1977 年恢复高考等体现出政治对教育的深远影响。

此外，在人文环境中的文化艺术、科学技术、伦理道德、社会风气、民族传统和习俗、宗教等，它们对教育都会产生这样那样的作用和影响。

（三）政策环境

政治是经济的集中表现。政治所要处理的关系包括阶级内部的关系、阶级之间的关系、民族之间的关系和国际关系，其表现形式为代表一定阶级的政党、社会集团、社会势力在国家生活和国际关系方面的政策和活动。政治对教育的作用表现在诸多方面。①政治制度对教育有决定性的影响，教育制度不过是政治制度的一部分。教育的宗旨和目的，教育的方针与政策，教育的领导权和受教育者的权利，办学方向、培养目标、理想、信念和价值观，都会受到政治制度、政权性质的制约和影响。在有阶级存在的社会里，统治阶级总是企图通过教育培养自己的接班人或继承人，从而巩固自己的统治。②政治结构也会影响教育的结构，进而影响教学内容和教学培训的方式、方法。例如，英国保守党希望维持双轨制中学，英国工党则要求发展综合中学。君主政治主张忠君教育，共和政体强调民主共和。资本主义鼓励发展个人主义，社会主义则致力于集体主义教育。③政治制度对教育的决策作用。这种作用集中体现在国家制度、国家政策对教育施行法律的、行政的控制、监督和指导。例如，许多国家先后推行义务教育，无不伴随着强制性的法律条文。各国在实行强制性教育手段的同时，加强对教育的督导作用，通过限制性规定制约教育，规定教育的数量和质量。鼓励性政策和措施一般是对当前教育规模和水平的发展、补充与促进，它能表现出教育的某种发展趋势，含有更大的未来性意义[1]。

（四）教育对象的生理和心理环境

物质环境、人文环境、政策环境，这些都是教育的外部生态环境，

---

[1] 吴鼎福，诸文蔚. 教育生态学 [M]. 南京：江苏教育出版社，2007：38 – 39.

而教育对象的生理和心理环境，却是受教育者内在的生态环境。人的生理发育是个体发育。人的生理发展是心理发展的物质基础，是人的全面发展的必要前提。

人的一生从婴儿出生开始在生理和心理的发展就是一个教育发展过程，刚出生的婴儿会哭、会笑、会闹，但不会说不会走，随着身体发育，7个月学会坐、8个月学会爬，1岁的婴儿慢慢学走路学说话；因为新生婴儿虽已具备脑和神经系统以及身体各个系统和器官，但是其结构和功能还不完全。3岁的小孩能自己上厕所，会穿衣脱袜，自己洗脸漱口，当然，这些都需要有正确训练和教育。人们经过婴儿—儿童—青少年—青年—中年—老年等生理期，人的生理发展是实施教育的一种环境和基础条件，很明显，它首先与教育有密切关系。教育与教学的对象是人，人的生理状况及其发展，是我们实施学前教育，小学、中学、大学教育，中等和高等技术教育及职业技术教育，继续教育，成人教育以及老年教育都必须加以研究和注意的。教育与教学的要求、内容、方式方法、教育的节律等，都要适应不同年龄期人体生理发展的状况。忽视这一点，不仅达不到教育和教学的效果，甚至还会事与愿违。

心理素质与心态是教育生态的一种十分重要的内在环境条件。它建立在人的生理发展基础上，又是外部各种环境条件的反映，它与教育的相互关系更为直接，更为密切。心理素质包括：①智慧、智力与智能；②群性、群育与群化；③德性、道德行为与自制力；④情绪与性格等。智慧、智力与智能是一种心理素质，一个人已具备的知识和个人求知力，如数学能力、语文流畅能力、语言理解能力、记忆能力、推理能力、空间感觉能力和视觉速辨能力等会影响到教育。心智正常的人对教育的接受能力比有智力障碍者强，对教育有重大影响。情绪也会对教育有影响。如学生喜欢数学老师，对数学就会感兴趣，在数学课方面无论是听课、做习题时，都会表现出有兴趣、喜欢的情绪，反之会出现反感、厌恶的情绪，必然影响教育[1]。

---

[1] 吴鼎福，诸文蔚. 教育生态学 [M]. 南京：江苏教育出版社，2007：68-73.

三、教育"花盆效应"的类别

在生态学中,花盆根据不同的分类方法有不同的类别:按材质分为塑料花盆、瓷盆、大理石盆、砂岩花盆、紫砂盆、瓦盆、水泥盆、铁盆、木盆等;按大小分为大、中、小盆;按高矮分为高、中、矮盆;按形状分为圆形、方形、椭圆形、菱形等,根据花的种类、种植的不同需要,选用不同类型的花盆制作的盆栽或盆景,就会有不一样的效果。教育,因不同国家和地区的政策导向、教学资源不平衡、经济发展等差异引起教育环境的差异,形成不同类型的"花盆效应"。教育"花盆效应"的类别有以下几种。

(一)政策性教育"花盆"

政策指的是国家政权机关、政党组织和其他社会政治集团为了实现自己所代表的阶级、阶层的利益与意志,以权威形式标准化地规定在一定的历史时期内,应该达到的奋斗目标、遵循的行动原则、完成的明确任务、实行的工作方式、采取的一般步骤和具体措施。教育政策是一个政党和国家为实现一定历史时期的教育发展目标和任务,依据党和国家在一定历史时期的基本任务、基本方针而制定的关于教育的行动准则。不同国家、不同地区的政策对自身的高等教育、高中教育、义务教育、职业教育、继续教育、社会教育等产生一定的影响,产生不同的效果。1977年9月,我国决定恢复已经停止了10年的全国高等院校招生考试,以统一考试、择优录取的方式选拔人才上大学,恢复高考对教育有着深远的影响和意义;我国建立示范性学校政策、特色示范校建设政策、示范性实训基地、"985工程"和"211工程"等政策的实施对我国的教育发展有着重大影响。1985年,中共中央《关于教育体制改革的决定》,第一次把职业教育作为重要内容进行了阐述,明确中等职业招生数与高中招生人数相当;中等职业的免学费、助学金、雨露计划,高等职业教育学生的奖学金、助学金、助学贷款、雨露计划等资助政策,这些政策的实施对职业教育有着重要影响。

(二)资源性教育"花盆"

教育资源是人类社会资源之一。教育资源包括自有教育活动和在长期的文明进化和教育实践中所创造积累的教育知识、教育经验、教育技能、教育资产、教育费用、教育制度、教育品牌、教育人格、教育理念、教育设施以及教育领域内外人际关系的总和。教育资源的分类方法有多种：按归属性质和管理层次区分，可分为国家资源、地方资源和个人资源；按办学层次区分，可分为基础教育资源和高等教育资源；按构成状态区分，可分为固定资源和流动资源；按知识层次区分，可分为品牌资源、师资资源和生源资源；按政策导向区分，可分为计划资源和市场资源等。本书中着重介绍专业、生源、实践、师资、信息教育"花盆效应"。

1. 专业与教育花盆

专业指的是：专门从事某种学业或职业；专门的学问；高等学校或中等专业学校所分的学业门类；产业部门的各业务部分。

高等学校或中等专业学校设置有不同的专业，对教育者有不同的要求，培养的途径也不同，就像不同的"花盆"、不同的基质种出不一样的盆景，产生的效果也不一样，形成教育"花盆效应"。高等院校培养研究型人才，职业院校培养技能型人才等。护理专业培养的护士具有爱心、细心、责任心等，而汽修营销专业培养的营销员善于沟通、服务、有责任心等。

2. 生源与教育花盆

生源指的是学生的来源，包含两个意思，一是学生的成长、教育背景；二是指来自某区域的全体学生。常用学生的数量、学生的素质等来描述生源质量。生源来源不同，也会对教育结果产生不同影响，如同在同一个花盆中种上不一样的花木，长势不一样。在大学的校园里农村的学生更懂得珍惜，城市的学生在生活方面更讲享受。往往城市学生的知识面更广，农村学生知识深度更扎实。美国学生、德国学生、日本学生、越南学生和中国学生等不同国家在不同文化背景下形成生源的差异，影响教育花盆的效应。拿学生的学习成绩进行分析，学生的成绩受到个人的才智、自己的努力程度等生源因素的影响。

3. 实践与教育"花盆"

实践是人类自觉能动地改造和探索现实世界的社会性活动，包含生产实践、社会实践、科学实验。实践教育是指为促进学生更好地接受学校教育和全面发展而开展的各项实践活动。实践教育不追求教科书式的静态的理论体系构建，而是始终紧跟时代潮流，走在时代前列，使教育充满了源于实践、不断创新的生命活力。通过亲自动手做实验、模拟、观摩、参观、考察、走访与社会调查等实践教育，促进学生理解和消化教师传授的知识和技能，培养学生的动手能力、社会活动能力、发现与解决问题的能力和创新能力。

4. 师资与教育"花盆"

师资就是教师的资质，包括教师的专业文化水平、教学水平、自身道德修养和其他为人之师所不可少的综合素质。师资力量是指一个教学单位、培训机构等教育机构的教师队伍，如教师的人数、学历、年龄、职称分布等人才结构。我们经常说，老师影响学生的一生，用"名师出高徒""良师益友"等描述老师对学生的影响，好老师对学生成长非常重要。

5. 信息与教育花盆

信息，指音讯、消息、通信系统传输和处理的对象，泛指人类社会传播的一切内容。教育信息化有两层含义：一是把提高信息素养纳入教育目标，培养适应信息社会的人才；二是把信息技术手段有效应用于教学与科研，注重教育信息资源的开发和利用。教育信息化，要求在教育过程中较全面地运用以计算机、多媒体和网络通信为基础的现代信息技术，促进教育改革，从而适应正在到来的信息化社会提出的新要求。这对深化教育改革，实施素质教育，具有重大的意义。信息技术教育的应用，能以较低成本，把优质教育资源输送到农村和边远地区，大大缩小了教育差距和数字鸿沟，可以使全球1.2亿失学辍学儿童的"读书梦"不再遥不可及。201×年，国务院副总理刘延东在国际教育信息化大会上的致辞提到，借助信息技术的力量，教育供给能力大大增强，如同小花盆变大花盆、甚至为超大花盆，使学习主体从在校学生向社会公众扩展，教育阶段从学校教育向终身教育延伸，真正实现"人人皆学，处处能学，时时可学"；她还提到在教育领域广泛应用信息技术、开发教育资源、优化教育过程、提高教育质量和效益，是教育信息化的原始动力，也是推动教育的改革和发展，培养适应信息社会要求的创新人才，以及促进教育现代化的基础和前提。

6. 学校与教育"花盆"

学校是指教育者有计划、有组织地对受教育者进行系统的教育活动的组织机构。学校教育是由专职人员和专门机构承担的有目的、有系统、有组织的、有计划的，以影响受教育者身心发展为直接目标，并最终使受教育者的身心发展达到预定目的的社会活动。学校教育指受教育者在各类学校内所接受的各种教育活动，是教育制度重要组成部分。学校教育的具体活动受到社会需求影响，必须符合社会发展趋势，承担着对社会输送人才的职能。一般来说，学校按受教育程度包括学前教育、初等教育、中等教育、高等教育、职业教育和特殊教育等。学校普通教育主要分为四种：幼儿园、小学、中学和大学。中等教育包含普通中学和中等职业教育。普通中学学制6年（初中3年，高中3年），对学生实行全面的普通文化科学知识技能教育；中等职业教育一般学制3年，包括普通中专、成人中专、职业高中、高等学校附属的中等职业部、技工学校（技师学院，下同）教育，这类学校统一称为"中等职业学校"，担负着国民经济部门培养中等技术人员的任务。各类中等学校的办学情况直接影响着一国教育建设和劳动力的培养质量，影响着国家各方面的发展和巩固，因此日益引起世界各国的重视。中等专业学校招收初中毕业生，按国家需要实施农、工、交通、技术、卫生、财贸等专业技术教育；技工学校培养技术工人。中等职业学校按办学性质分为公办和民办两大类；普通高等学校教育是在完成中等教育的基础上进行的专业教育，是培养高级专门人才的主要社会活动。

（三）层次性教育"花盆"

一般说来，根据教育的对象和内容，按照学历层次可划分为学前教育（6岁以前）、初等教育（小学：7~12岁）、中等教育（初中（13~15岁）、高中或中等职业（16~18岁））、高等教育（19岁以上，包含大学本科（19~22岁）、硕士研究生（23~25岁）、博士研究生（26~

28岁))四个层次，如图1所示。

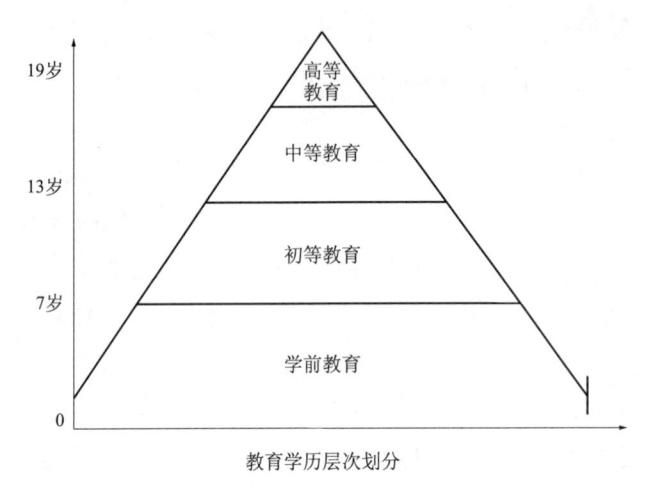

图1 教育学历层次划分示意图

（四）结构性教育"花盆"

根据教育的对象、任务、内容和形式的结构性特征可对教育实践进行划分。教育类型主要有家庭教育、学校教育、社会教育和自我教育四种。根据教育自身形式化的程度不同，即教育存在形态不同，可将教育分为非形式化教育、形式化教育和制度化教育三种。其中，非形式化教育和形式化教育又统称为非制度化教育。招生类别分统招（通过高考考上大学）、自考、成考、电大/夜大/职大。

四、教育"花盆效应"的结构

一般说，教育"花盆结构"包括教育的体制结构、教育的类别结构和专业结构、教育级别结构（又称为教育的层次结构）、学历结构等。教育的花盆的生态结构，是将教育系统和环境系统结合成教育"花盆"生态系统来分析，从多维角度，采用多种方法来剖析教育的结构，在此基础上，分析教育花盆的生态功能，揭示教育"花盆"的基本规律[1]。

---

[1] 吴鼎福，诸文蔚. 教育生态学 [M]. 南京：江苏教育出版社，2007：93.

(一) 宏观结构与微观结构

生态学宏观结构的研究，最大的范围是生物圈，依次是群落、种群、个体；微观生态的研究，则是指个体以下，包括系统、器官、组织、细胞、基因等。微栖所也属于微观生态结构。

教育"花盆"宏观生态，必须以整体论的观点、系统分析的方法进行研究。教育的宏观生态，最大的范围首先是生物圈，其次是整个地球上各个国家，通常宏观生态研究比较多的是一个国家疆域内组成的大教育生态系统。此种研究，往往以教育为中心，研究该国领域内的各种环境系统，分析其具体的自然生态环境、社会生态环境、规范的精神环境及其功能，以及与教育、与人类的交互作用的关系，以寻求教育发展的趋势和方向、教育应有的体制和体系，以及教育应采取的各种对策，发现和创造有利于教育的生态环境，充分把握机遇，迎接挑战，因势利导，促使教育稳步、健康地发展，避免大起大落，力戒主观性和盲目性。

教育花盆微观结构是从大自然的物质环境、社会的结构及精神环境，缩小到学校、教室的建筑、设备，以至座位的分布对教学的影响；甚至课程的微观系统分析，包括目标、智能、方法、评价等，再分解成若干指标体系，构成微观的课程系统。从整个规范环境及文化传统、民族精神，缩微到家庭中的亲子关系，以至教室中师生之间、同学之间相处，甚至学生个人的生活空间或心理环境，都是属于教育的微观生态。

(二) 层次结构

人的生理和心理发育的阶段决定着受教育者的年龄层次。人的身心发展和认知水平影响到教育的层次结构，此外经济和社会也会影响到教育结构的层次。一个人的教育可以追溯到胎儿期，胎教是孕妇在受孕后，利用营造良好的孕育环境和为胎儿创造一种环境和气氛，影响胎儿的活动和前期的智力开发。胎教主要是通过音乐、讲话和动作有规律、有关联的安排，从外在给予影响，日积月累，会取得好的效果。婴儿期（0～3岁），主要发展婴儿的四肢功能和运动能力，锻炼肌肉的控制力。教他们学走路、学说话，给予亲近、安全和舒适的环境，从而增强其对环境的反应。幼儿期（3～6岁），属于启蒙阶段，也正是学前教育阶段。这一时期在幼儿园里以游戏活动作为主要教育途径。教他们学会跑、跳、攀登及走平衡木，运动其肌肉和骨骼，促进其身体的生长发育。儿童期（7~14岁），又称少年期。这个时期的孩子在心理上要求自主，不要庇护。他们好奇多问，喜欢探索和冒险。这一时期的教育，必须兼顾学习和娱乐两个方面，积极地引导和激发他们创造的火花。青春期（15~30岁），又称青年期，是儿童到成人的过渡期。这时，生长速度加快，出现了一系列生理上的、外形上的变化。生长和发育已趋于成熟。这一时期，他们的思想敏感活跃，也是能力和创造力最旺盛的时期。在这个阶段中，他们继续接受基础教育、职业教育和专业技术教育，以至高等教育。中年期（30~65岁），这一时期是成才成家、立业创业时期。但是，在当前科技迅速发展、知识更新异常迅速的时代，需要接受继续教育。成人教育涉及教育结构的若干层次，可以是扫盲，可以是初、高中文化补课，可以是专业技术学习和培训，可以是读函授大学、夜大学、电视广播大学、职业大学，参加自学考试，还可以是攻读研究生，以及工作后的进修和轮训。老年期（65岁以上），世界卫生组织定义老年人是65岁以上的人群，中国曾经将50岁以上称为老年人，现阶段以60岁划分，我国近年计划出台逐步延迟退休年龄的政策，老年期正式参考国际划分标准。老年期是人生过程的最后阶段，身体各器官组织趋向衰退，心理方面也发生相应改变，衰老现象逐渐明显。世界上较早进入老龄化社会的国家和地区普遍出台终身教育、老年教育领域法律法规，并将老年教育政策作为重要的社会政策。许多国家通过兴办第三年龄大学、推动社区老年人互助学习、倡导老年人利用网络自主学习等多种形式发展老年教育。针对人口结构老龄化的趋势，老年心理学、老年医学、老年社会学、老年经济学、老年问题研究日益受到人们的重视。此外，老年人还十分重视各种体育、文化、娱乐活动，以使身心都保持健康。综上所述不难看出，与人的年龄层次、生理、心理发展阶段相匹配，形成教育的结构层次[1]。

---

[1] 吴鼎福，诸文蔚. 教育生态学 [M]. 南京：江苏教育出版社，2007：100-102.

生态学按照生物组成结构层次，可分为个体生态、种群生态、群落生态和生态系统生态四个层次。教育生态系统是生态系统的有机组成部分，作为教育生态组成部分，教育"花盆效应"结构按受教育结构层次，也可分为个体生态、种群生态、群落生态和生态系统四个层次。教育的个体生态包括受教育者个体发育生态和个体教育生态。例如，胎教属于教育的个体生态范畴。教育的个体生态属微观生态，它反映在家庭教育，尤其是独生子女的教育中。学校中的因材施教，是针对学生的基础、素质的差异和发展的不平衡性，从而采取不同的措施，创造良好的个体生态条件。培养尖子生，辅导和帮助差生，具有典型的个体生态的特点，除了必要的物质条件和相应的教学内容外，教师的教态、有的放矢的热情指导与辅导、激发动机、关心和鼓励、周围人的期待、同学之间的切磋，都会造成极为有利的小生境，促使个人超过常规地发展。教育的群体生态，一个班级是一个适度规范的群聚，文理分科的班级，可以看作是不同类型的群聚。一个院（系）可以看作是某些学科专业组成的教育生态群落，一所大学无疑是一个教育生态系统。在普通生态学中，广义的生态群落，特别是大群落或生物地理群落与生态系统常常理解为等值的，就好比一所中学，可以看作是教育生态的一个群落，也可看作为一个小的教育生态系统。教育生态系统是教育生态最高、最复杂的层次。整个人类组成全球教育大生态系统。但是，通常人们总是把一个国家或一个省（州）作为一个大的教育生态系统。在这个教育生态的大系统中，又可分出若干个亚系统，如普教系统、高教系统、职教系统、成人教育系统，以及电视大学教育系统等，这些都是宏观的教育生态系统[1]。

教育"花盆效应"的层次结构还表现在教育水平层次。经济环境比较好的国家、发达地区、城市、平原地区的教育发展比较快，教育水平比较高；而经济条件差的国家、落后地区、农村、山区或水网地区教育发展迟缓，教育水平比较落后。形成发达国家—发展中国家—落后国

---

[1] 吴鼎福，诸文蔚. 教育生态学 [M]. 南京：江苏教育出版社，2007：108.

家教学水平层次结构,超大城市—大城市—小城市—县城—乡镇—山区的教育水平层次结构。如职业技术教育的专业类别,城里的比农村的丰富得多,职业中学的数量也是城市多于农村。从学校的层次看,在城市里学校的层次一般比乡村高,而且类别也多。

(三) 资源结构

教育资源是人类社会资源之一,为教育服务,按归属性质和管理层次区分,可分为国家资源、地方资源和个人资源;按办学层次区分,可分为基础教育资源和高等教育资源;按构成状态区分,可分为固定资源和流动资源;按其知识层次区分,可分为品牌资源、师资资源和生源资源;按政策导向区分,可分为计划资源和市场资源,等等。

(四) 生态金字塔结构

生态金字塔把生态系统中各个营养级有机体的个体数量、生物量或能量,按营养级位顺序排列并绘制成图,其形似金字塔,故称为生态金字塔或生态锥体。它指各个营养级之间某种数量关系,这种数量关系可采用生物量单位、能量单位或个体数量单位,采用这些单位构成的生态金字塔分别称为生物量金字塔、能量金字塔和数量金字塔。以生态金字塔理论来观察教育生态系统的结构,可以发现,教育生态结构虽然有其特殊性,但同样存在着几种生态锥体。例如,数量锥体、物质能量锥体、知识信息锥体。从学校数量,我们的学前教育、初级教育、中等教育、高等教育本科、硕士研究生、博士研究生各级学校数量的教育生态系统的成数量锥体。从学校的经费(能量输入)投入看,出现的是教育生态系统的能量锥体;从知识信息来看,随着教育生态系统的结构层次由低级向高级发展,知识、信息由少到多,由简单到复杂。例如,可以从能够量化的课程门类数来说明(不谈课程内容的广度和深度)。小学只有十几门课程,中学有三四十门课程,大学有三四百门课程(甚至八九百门课程)。如果从课程门类数和课程信息量来说,教育生态系统结构层次分析,也是知识量生态锥体[1]。

---

[1] 吴鼎福,诸文蔚. 教育生态学 [M]. 南京:江苏教育出版社,2007:103 – 106.

五、教育"花盆效应"的功能

教育的"花盆"功能既包括教育功能,又不能简单地等同于一般的教育功能,它是要从生态学中"花盆效应"的观点和原理出发,来研究和阐述教育的花盆功能,揭示教育"花盆"的内在因素及其外在的生态作用,以及揭示教育花盆主体与周围生态环境的相互作用和影响。

教育的目的是为了增进人的知识和技能,影响人们思想品德,增强人的体质的活动。不管是有组织的还是无组织的,系统的还是零碎的,都可以称为教育,不难看出,作为有目标的教育"花盆"生态系统,有其内在功能的教育性、外部功能的社会性和教育生态功能[1]。

(一)生态功能

教育的生态功能区别于教育功能,但又与教育功能有许多重叠。教育生态系统是一种有目的的系统,有系统内的生态功能和系统外的生态功能(对外部环境的影响功能之分)。其内在功能为育才,其外在功能主要为其社会功能——传递文化、协助个人社会化、使人们建立共同的价值观等。

教育功能是教育满足主体需要的呈现形式,教育本质是教育功能的客观基础。对教育生态功能的认识,有助于我们进一步从教育、人、社会三者关系中理解教育传递文化培养人的本质。教育、人、社会三者关系表现:教育受社会发展和人的发展制约,又通过社会文化传递积极影响作用于社会和人的发展。由此,我们对教育本质可以表述为:教育是根据一定社会要求和人的身心发展特点和规律,通过传递人类文化,对人的身心发展施加影响,促使其社会化,进而又反作用于一定社会的实践活动。教育生态功能是教育与人、社会间相互影响、相互制约、相互促进、相互平衡的生态功能关系,是对内在育人功能和外在社会功能的两方面功能的融会贯通。

---

[1] 吴鼎福,诸文蔚. 教育生态学 [M]. 南京:江苏教育出版社,2007:132.

（二）社会功能

教育与社会的关系是相互影响相互制约的。一方面，教育被社会发展所制约，社会的生产力发展水平、经济政治制度与科学文化等因素影响和制约着教育制度、教育政策、教育目的、教育内容和教育方式以及教育的发展。另一方面，教育也反作用于社会，教育的育人功能影响和保障社会的发展。教育的社会功能起到传递文化，协助个人社会化，促进社会流动的作用，通过教育培养的人在社会实践中发挥作用。教育的社会功能体现在经济、政治、科技、文化等社会领域。通过教育把可能的劳动力转变为现实的劳动力，参与社会实践，促进社会发展。在远古时代，尚且需要通过教育，向年轻一代传授生产劳动的经验，以维持劳动力的再生产，保证社会生产的延续和发展。现代社会，生产的发展、经济的振兴，越来越需要依靠科学技术的进步。百年大计，教育为本。教育是经济发展和科技进步的基础工程，教育对经济的发展具有奠基性的功能和作用。教育通过提高全民文化素质，推动国家的民主政治建设，传播一定的社会政治意识形态，完成年轻一代的政治社会化，促进社会稳定团结。中国的教育是要为社会主义现代化建设服务，这是教育为政治服务的体现。中国教育的根本任务是培养社会主义事业需要的人才，要发挥好教育为政治服务的功能。应当明确，今后社会主义现代化建设成功的一个重要因素，在于有一大批德才兼备的"四有"人才。为此，要坚决贯彻党的教育方针，端正办学思想，努力实现国家规定的培养目标，把坚持"坚定正确的政治方向"切实放在首位。学校在安排教学工作以及实施各方面管理时，要把思想品德教育纳入目标管理。每位教师既教书又育人。只有这样，一批批社会主义事业的建设者和接班人，才会以献身的精神，维护、巩固和发展社会主义事业，维护安定团结的政治局面和良好的社会道德风貌。通常人们理解，科技离不开经济，离不开一定的生产力，科技对经济又有巨大的作用。在科技与教育的关系上，科学技术人才要靠教育来培养。教育的一个基本立足点，是要提高人民的全方位科学素质。注重教育培养人民的科学素质和科技人才。教育对科技的功能，一方面是输出经过智力开发的人才，同时又输出科技开发的成果。教育具有延续文化的功能，具有选择、整理文化的功能，具有创造、更新文化的功能。人类社会能从愚昧与野蛮，走向今天的文明与开放，是文化教化的结果。而文化教育的前提是文化的传递，文化只有通过教育的延续与传递，才能承前启后、继往开来，不断发扬光大。

（三）教育功能

教育的内在功能就是育才。在学校教育内部，学校有良好的生态环境，校园环境优美，自然的绿色、芬芳的花香使人心旷神怡、赏心悦目，使人心情舒畅地投入学习。美丽的校园可以唤起学生对学校的热爱和幸福感。不难看出，美妙的学校自然景观，为学生长身体、长知识创造了非常有利的自然条件，有利于青少年的生理和心理健康。学校里好的校风和教风环境，必然会带动好的学风，形成巨大的精神力量，促使学生德、智、体、美、劳全面发展。学校的规章制度，是校内的法规，它明确该做什么，不该做什么；该怎么做，不该怎么做。当然，规章制度的贯彻，也要伴随民主精神的发扬，启发和调动学生的积极性，使他们自觉地贯彻执行制度。只有认真执行各项制度，才能形成良好的教学秩序、工作秩序和生活秩序；也只有建立起良好的规范和秩序，才能保证教学与教育工作的正常进行，提高教育质量才有基本的条件和保证。

教育的生态功能：一是传授生产劳动经验，为社会生产服务；二是传授社会生活经验，使他们掌握一定的社会伦理道德标准和行为规范，从而适应社会生活。随着生产的发展、社会的进步，教育传统的基本职能正在向多元化职能转化。现代教育的职能远远超出了传授生产经验和生活经验的范畴。在迅速发展的现代社会里，社会对教育的要求，已经不只局限在输出人才这一方面，而是从多方面、多角度为生产和经济的发展、科学技术乃至整个社会的进步做出贡献。原先那种与社会、经济脱节的封闭或半封闭的教育模式，已经不能适应时代发展的需要。现代教育在其发展过程中派生出一些新的职能，创造与发展科学、技术和文化的职能日益突出。现代教育一个突出的特点是，它一方面通过教学活动传授科学文化知识，同时，它又不断地"生产"和创造出新的科学知识，开拓新的科学领域，推动科学向前发展。这一功能在高等学校和中等专业技术学校表现得尤为明显。传统的教育主要解决个人受教育的问题，而且只限于青少年阶段。它把人按自然年龄划分为出生→生长→受教育→参加社会劳动→退休→死亡这样几个阶段，受教育只是人生的一段小插曲。现代教育打破这种"单线"模式，把人的生长、发育及生命的全过程和教育活动有机地结合起来，形成现代终身教育观，即教育应是个人一生中不断地学习的过程。

第三节　教育"花盆效应"的特征、规律及演变

每一种事物、每一种现象，都有其与其他事物、现象不同的特点，在其产生、发展、演变中，都有其特有的特征、规律及演变过程。教育"花盆效应"的出现、发展、作用、演变也如此，有其特有的特征、规律。

一、教育"花盆效应"的特征

（一）系统性

系统是一群相互作用的组织成分，形成一个机能上的统一整体。教育有教育的系统性，生态学里"花盆效应"有相应的生态学系统，教育"花盆效应"既不同于教育学，也不同于生态学中的"花盆效应"，它是把教育与生态环境联系起来，以其相互关系及作用机理作为研究的对象。把教育个体、教育群体、学习行为及其周围生态环境（包括自然的、社会的、规范的、生理心理的）之间的互动称为教育"花盆效应"系统。系统的范围可大可小，首先是教育"花盆效应"研究的最大范围是全球的教育"花盆"系统；其次是国家及地区的教育"花盆"系统，一所学校、一个班级也可以成为微型教育"花盆"系统。

（二）功能性

教育"花盆"的生态功能是建立在教育的生态结构基础上的。它既包括教育的功能，又不是简单地等同于一般的教育功能。它是要从生

态学的观点和原理出发，来研究和阐述教育的生态功能，通过揭示教育生态的内在过程及其外在的生态作用，深入探讨教育的功能。它不仅要研究结果，尤其要分析生态过程的机理，还要研究教育生态过程的结果对周围生态环境的作用和影响。教育的目的是为了培养人才，而培养出来的人才，又要符合经济和社会发展的需要，促进经济、政治、科技、文化的发展。不难看出，作为有目标的教育生态系统，有其内在的生态功能和外部的生态功能。

（三）协同性

物种的进化必然会改变其作用于其他生物的选择压力，引起其他生物也发生变化，这些变化反过来又会引起相关物种的进一步变化，这种相互适应、相互作用的共同进化关系即为协同进化[1]。教育也存在着协同进化的功能。如在国家教育系统中，教育行政部门、学校以及学生之间存在着协同进化关系，教育行政部门与学校之间也存在着协同进化关系。一方面，教育行政部门作为国家教育花盆系统的构建者，能够为学校营造良好的生存和发展环境，如政策环境、生源环境等，这可以促进学校在花盆生态系统中不断调整自己，不断发展壮大；另一方面，学校通过办学实践，能够促进教育行政部门不断完善管理功能、不断健全管理政策，从而实现教育行政部门与学校之间的协同进化。

教育行政部门与学生之间存在着协同进化关系。教育行政部门通过管理、调控和评估等手段，引导学生不断调整自身的学习行为，促进学生的可持续发展。反过来，学生在学习和实践中不断地对教育行政部门的管理、调控、评估工作进行反馈，教育行政部门根据这些反馈（包括正面的和负面的），不断完善自身的管理功能，促进自身的健康发展，从而实现教育行政部门与学生之间的协同进化。

学校与学生之间也存在着协同进化关系。学校校园环境好、教学资源丰富、学习氛围浓，教学质量高，学生学习的效果就好，有利学生健康成长。反过来，如果招收的学生质量好，学生好学、上进，对学校也

---

[1] 曹凑贵. 生态学概论 [M]. 北京：高等教育出版社，2002.

有促进作用，如在各种竞赛、评比中表现突出，为学校争荣誉，学校办学质量就会得到社会的认可，会得到更多的社会资源，促进学校的发展，从而实现学校与学生的协同进化。

（四）平衡性

教育系统也具有生态平衡的功能。如学校对生源环境的"乱砍滥伐"，必然会破坏生源环境，而生源环境的破坏，则会影响学校的招生及可持续发展。学校为了自身的生存，又不得不调整自身行为，去保护和培育生源环境，从而在这种破坏与保护之间，实现生态平衡的功能。例如，在国家层面，教育行政部门人员配备与学校的数量之间存在着生态平衡，如果学校的数量增多，教育行政部门管理人员少，管理手段落后，则容易出现管理不到位的现象。因此，这会促使教育行政部门增加管理人员，改进管理手段；教育行政部门管理人员的增加、管理手段的改进，学校的管理日趋规范，使教育行政部门又具有减少管理人员的需求。正是在这种管理人员的增减过程中，实现了教育行政部门与学校中心之间的生态平衡功能。

（五）开放性

教育"花盆"具有开放性，其本身不能自给自足，要依赖于外部系统，并受外部系统的调控。教育作为一个开放的系统，需要同其所在的社会交换人员、资源和信息。教育依赖于社会系统的不断输入，如经费、生源、管理人员及物资设备等，同时也向社会系统不断输出，包括人才、学习资源、物资设备等。教育在不断的输入和输出中达到一种动态的平衡。

（六）自组织性

自组织性是生态系统，也是一个开放系统，通过与外界进行物质及能量交换，自发调整生物与环境及生物与生物的关系，建立起相互联系、相互依赖并能完成特定功能的有序结构，并且拥有不断向前发展和进化的自然过程和行为。教育花盆也具有自己的自组织性，如对于职业学校来说，其所能容纳的学生数量是有一定限度的。在这个限度内，办学质量能够得到保障；如果超出这个限度，教学质量则会下降，并影响学校的声誉。学校为了保证声誉不受损，就会扩大校舍、增加师资，容纳超出的学生并保障教学质量。

二、教育"花盆效应"的规律

教育"花盆"规律是指以生态学观点来研究教育与外部生态环境之间以及教育内部各环节、各层次之间本质的、必然联系的基本规律。主要包括迁移与潜移律、富集与降衰律、教育生态的平衡与失调、竞争机制与协同进化四种规律。

（1）迁移与潜移。教育生态系统的物质流、能量流和信息流，在宏观上主要表现为径流，即较明显的迁移，而在微观上则表现为潜流，即不明显的潜移。国家财政部门拨款给教育部门，教育部门通过银行转给各学校，这是径流；能量流入学校后分散到系、部，再到教研室以至教职员工个人，逐渐即由径流变为细小的潜流。在此过程中，能量逐渐耗散。对信息系统的相似分析，尚需借助关于人脑、神经系统的知识。

（2）富集与降衰。改革开放以来，通过多渠道、多种方式解决学校的资金，可以理解为一种富集作用，这将给学校教育生态系统带来活力和动力。一般地，富集度越高，系统越向高水平发展，但是能量富集过多会造成浪费。总之，富集要与不同的发展水平和层次相适应。降衰作为富集的对立物不难理解，如作为能量流的经费拨入学校后，经过横向分解，再纵向层次逐级下拨，能量流越来越细，反映出逐级的降衰过程。经过一段时间后，经费在不同层级完全耗散，因此需要投入新的经费，输入新的能量，以保证教育生态系统内部机制的正常运转。

（3）教育生态的平衡与失调。教育生态理论的核心问题之一，正是教育的生态平衡。把握教育生态平衡的规律，能从根本上揭示教育方面存在问题的实质，推进教育发展。教育生态平衡可以从教育生态系统的结构、功能两个不同角度来分析。值得注意的是，由于恢复教育生态平衡或建立新的教育生态平衡周期表，加上教育的效果滞后，有些平衡失调在一段时间呈隐性，一时难以反馈、显示出来。这就要求人们根据平衡原理，主动去观察、分析，采取超前对策，能动地加以调节，否则，将付出高昂代价。

（4）竞争机制与协同进化。无论是国家与国家、学校与学校，还是人才之间，从教育生态系统到群体、个体，竞争都是长久存在并导致优胜劣汰。例如，某些学校创办后消亡。另外，竞争的积极意义也是众所周知的，竞争对教育者、受教育者都可以产生推动力，竞争可以促进整体教育改革，促进学科之间的交叉与渗透，推进学科间、院、系间的协作，促进教学质量与科研水平的提高。从相互竞争到协同进化，这是管理者、教育者、受教育者的共同愿望。尽管有时不适当的竞争也可能导致相反的结果，但对教育生态系统而言，协同进化将永远是主流。

（5）教育生态的良性循环。教育圈是一种大教育系统，包括初始教育、成人教育、继续教育。对象包括从事教育工作的人员，还包括教育发展所依赖的客观条件与环境，即社会、经济、科技、管理及对人才的需要等。教育圈内的人才流、能量流、物资流有自己的良好循环机制。

三、教育"花盆效应"的演替

教育生态的演替主要反映在层次演替和教阶演替上，其实质是知识、信息的积累并产生质变[1]。

（1）**层次交替**。由低年级到高年级，从小学到中学到大学到研究生，这里有机遇，也有主观条件和竞争力，通过人工选择产生演替。

（2）**知识演替**。呈螺旋式上升、波浪式发展模式。

（3）**周期演替**。随着社会、经济的发展和进步，对教育的物质能量投入逐年增加，这里通常按年度表现为周期演替，也有像我国的"十二五""十三五"规划那样，以5年为周期的演替。

（4）**次生演替**。继续教育、成人教育属次生演替。

（5）**演替的中断与跳跃**。留级、辍学属演替中断，跳级属演替的跳跃。这里有客观因素的制约和引导，也有主观因素起作用，而且一般地，后者更为重要。

---

[1] 吴鼎福，诸文蔚. 教育生态学 [M]. 南京：江苏教育出版社，2007：257.

（6）**逆行演替**。如学业荒废蜕变成文盲、半文盲。

（7）**纵向教育结构演化趋势**。如不同人均收入水平下不同教育层次占人口比率有所区别，这种纵向演化趋势通常可用回归分析法分析。

生态系统的演化有其内源、外源性表现，根本动力来自系统内部。生态系统通过各子系统间的相互作用及对环境变化的相互调整，保持增加有序整体中的负熵因素，以达到系统适应环境之目的，教育生态系统也是如此，但是人们可以经常调整其发展目标——通过决策。决策正确可以推进系统的演化，反之决策失误将导致系统缺损、失调。不过总体上说，由于物质能量知识、信息的积累，系统的演替、演化不可逆，而在不断推进[1]。

---

[1] 吴鼎福，诸文蔚. 教育生态学 [M]. 南京：江苏教育出版社，2007：263－267.

第二章　中等职业教育"花盆效应"

在教育系统中,按教育层次结构,分为学前教育、初等教育、中等教育、高中或中等职业、高等教育。每个教育层次均有其不可取代不可忽略的特点,存在着教育层次本身与环境之间与其他层次不同的相互作用、相互依存关系。在作用与依存过程中所产生的现象、效应也独具特点、特色,中等职业教育也不例外。这些独特的现象、效应辩证地存在着促进或局限作用,与它们所处的环境、结构、相互的作用方式、功能都息息相关。

第一节　中等职业教育"花盆效应"概述

中等职业教育,为社会培养技能型劳动人才,职业特色鲜明,教育层次为基础职业教育层。教育现状、教育环境是教育效应呈现的媒介。研究教育现状及教育环境,即研究中等职业教育现状、中等职业教育"花盆效应"总体情况,是中等职业教育"花盆效应"研究的必经路径。

一、中等职业教育现状

中等职业学校教育的目标是把学生培养成为"具有综合职业能力,在生产、服务、技术和管理第一线工作的高素质劳动者和中初级专门人才"。而中等职业学校学生凭借着全面系统的职业知识学习和职业技能训练的实用性的优势，赢得了广泛的就业市场。良好的就业环境推动了中等职业学校的发展，尤其是民办中等职业学校的兴起与发展，更加说明了这一点。随着"大力发展中等职业教育"国策的提出和市场经济体制的不断完善，中等职业学校正逐渐成为独立的教育本体，参与市场竞争。但是，生源现状与传统的教育观念和教学模式，以及课程与教材之间的矛盾等若干因素，已成为中等职业学校生存和发展的桎梏，中等职业教育改革势在必行。

在过去的几年里，曾经红火了一阵子的中等职业学校因普高扩招、毕业生就业安置等问题而出现了招生难、生存难和持续滑坡的局面；甚至，相当一部分中等职业学校因此而纷纷面临关门。尽管当前有的中等职业学校采取了教职工全员招生与工资奖金挂钩的办法以解决生源难题，虽然取得了一定的成效，能勉强维持运转；生源的"录取流失率"高达30%以上，且居高不下；招生成本极高，而且教师们为此也背负着沉重的工作压力和思想包袱。尤其是许多刚毕业新分配来的年轻专业老师，因每年无法完成招生任务而工资奖金被扣罚（待遇变相降低）；工作一般不到三五年，刚刚积累了一点中等职业教学经验，就纷纷"跳槽"离开了原所在的中等职业学校（每年无法完成招生任务而工资奖金被扣罚是其主要原因）。这就加速了中等职业学校的师生人数比例的降低，造成部分专业教师的教学负担过重；难以保证教学质量，形成了恶性循环。面对中等职业技术教育的严峻形势，我们应该进行冷静而理性的思考和分析。

目前，中等职业学校的教育存在的问题，主要表现在以下几个方面。

（1）学校方面。大多数中等职业学校的专业设置和开设的课程不合理，与社会需求脱节，学校硬件设施也跟不上，陈旧简陋的实习实训设备满足不了教学需要，有些学校为了自己的生存，不顾教学质量只图经济效益。有些学生在一些三年学制的中等职业学校，却只读了不到一年的书就以"顶岗实习"的名义去工作了；为了那张毕业证却还得要交6个学期的学费。由于没有受到很系统的职业教育,学生也很难适应其工作岗位;使得中等职业学校的社会形象大打折扣,这是一个很现实的社会信任危机。一些中等职业学校出现"地毯式宣传、传销式招生、粗放式办学、盲流式就业"这样的基本生存模式,办学不规范时有出现。

(2)学生方面。中等职业学校"门槛"低,入学容易。现在的中等职业学校学生,生源年龄偏小、综合素质偏低,基本属于上不了高中的学生,中等职业学校学生起点较低。目前,由于种种原因,中等职业学校生源素质普遍不高,组织纪律观念淡薄,经常迟到早退;由于学习基础差,上课听不懂,作业不会做,学习毫无兴趣,以致产生厌学情绪;有的言谈举止不文明,沾染不良习气,时常出入游戏机房,玩手机;有的抽烟喝酒,甚至打架斗殴。由于没有了升学的压力,将来的就业形势尚可,因此在校的中等职业学校学生就成了"60分万岁"一族。他们认为只要考试及格就有毕业证,有毕业证就可以找得到工作;没有了进取心,学习上缺乏主观能动性。近几年,这种现象尤为突出,怕苦怕累;遇到困难,只想退缩;缺乏锻炼,很难适应将来的就业需要。

(3)教材方面。问题突出在教材内容陈旧,缺乏知识更新;有些新版书只是更新包装,内容基本没变,新的技术、新的工艺没有及时纳入,满足不了教学的需要;教材的实用性不强,理论偏多、实践偏少,指导学生进行生产操作的内容太少,实训实验课与实际生产脱节。

(4)师资方面。面临的问题在于专业课的老师不足,双师型教师队伍缺乏、新兴的教师几乎没有,专业课教师实践能力不足、教学方法落后。加上中等职业学校扩招,师生人数失调,造成有些老师教3~5门专业课、1周28节天天有课的情况,如此大的工作量,难以保证教学质量。

(5)教法改革方面。中等职业教育教学方法理论研究体系不够完善,对现阶段我国中等职业教育中普遍运用的典型教学方法研究力度不够。教学方法没有及时更新,教学内容显得陈旧。我国中等职业教育以教师为主体的教学模式,制约了教学方法的改革。由于我国中等职业教育受普通教育影响，主要采用传递—接受教学模式，教师的职能是"传道授业解惑"，而其他类型的教学模式都是辅助的，教师是主角，学生是配角，颠倒了现代教育理念中的师生关系。教学模式不改变，新的教学方法难以实施。传统的教学组织形式制约了现代职业教育教学方法的应用。由于我国中等职业教育大多是由普通教育改制而来，因此我国的职业教育载体具有明显的普通教育的特性，教学组织形式主要延续普通教育的模式；采取班级授课制，以课堂教学为主体，而现代职业教育教学方法适宜采用协作教学、现场教学、能力分组制、开放教学等组织形式。

（6）政府方面。政策和决定前瞻性不够，系统性缺乏，中等职业教育的教研机构研究水平也很有限，许多地方政府尤其是经济欠发达地区，对中等职业学校的投资兴趣与力度在减少，使中等职业教育的发展也受到了制约。

二、中等职业教育"花盆效应"综述

"花盆效应"又称局部生境效应。花盆是一个半人工、半自然的小生态环境。首先，它在空间上有很大的局限性；其次，由于人为地创造出非常适宜的环境条件，在一段时间内，作物和花卉可以长得很好，一旦离开人的精心照料，经不起温度的变化，更经不起风吹雨打。"花盆效应"在中等职业教育中是一种常见现象；在学校教育中，由于封闭或半封闭的教育体制的影响，使学生整天在教室里，与现实社会生活脱节，加之教学内容、教学方法落后，从书本到书本，进行封锁式小循环。大多数中等职业学校的专业设置和开设的课程，都不能与时俱进，缺乏吸引力，硬件设施也跟不上。学生的实习、实验条件差，实训设备陈旧简陋，也很难满足教学需要。开设课程的实用性不强，使学生产生"学了也白学"的想法，参与社会活动不足，学生毕业后与社会需求脱节。

三、中等职业教育"花盆效应"研究现状及进展

中等职业教育"花盆效应"是将教育及其"花盆"生态环境相联

系,并以其相互关系及其机理为研究对象的交叉研究,是教育生态学的重要内容。教育生态学首先是由美国哥伦比亚师范学院院长于1976年在《公共教育》一书中提出的。

南京师范大学环境科学研究所吴鼎福的《教育生态学》一书是我国第一本教育生态学专著,其中提到教育"花盆效应"[1],教育"花盆效应"也出现在曾祥跃的《网络远程教育生态学》[2]一书之中。根据知网数据库统计,以"教育生态"为篇名的期刊论文有5 104篇,学位论文553篇;以"中等职业教育生态"为篇名的期刊论文有11篇,学位论文1篇;以"中等职业教育生态"为篇名的期刊论文有2篇,学位论文3篇;以"中等职业花盆效应""中等职业花盆效应"为篇名的学术论文和期刊论文为0。从教育公开发表的学术论文和期刊论文统计看出,我国教育生态的研究更多地关注在高等教育的教育生态研究,极少在中等职业教育进行教育生态学,而这些有限的研究也只是局限在个别课程、学生管理、生态文明的研究,没有看到从整个中等职业教育"花盆效应"开展研究。

中等职业教育"花盆效应"从分析各种中等职业教育生态环境及其生态因子对中等职业教育的作用和影响以及中等职业教育对生态环境的反作用入手,进一步剖析中等职业教育的"花盆效应"的类别和结构。在分析中等职业教育"花盆效应"结构的基础上,揭示中等职业教育"花盆效应"的基本特征,如中等职业教育"花盆效应"的整体性、动态性、协同性、可持续性和开放性等。

第二节 中等职业教育"花盆效应"的类别、结构与特征

中等职业教育"花盆"环境如生态学实体"花盆效应"一样,教育的土壤、气候、其他影响环境,一定时期内对教育有一定的促进作

---

[1] 吴鼎福,诸文蔚.教育生态学[M].南京:江苏教育出版社,2007:168.
[2] 曾祥跃.网络远程教育生态学[M].广州:中山大学出版社,2011:82,160.

用，经过了一定的时期，环境的变化或恶化，局限效应会凸显出来。处于环境中的教育对象、教育作用、教育效应，与环境变化同步出现或促进、或局限、或协同发展、或博弈竞争的现象和效应。

一、中等职业教育"花盆效应"现象

花盆里的作物受不住高温或严寒。很明显，中等职业学校的教学也是一种在"花盆环境"里教学的施教方式，甚至比"花盆环境"要求更高。它不仅是人工的"人为地创设"，而且还是"典型的场景"，脱离实际的做法，很容易使学生滋长以自我为中心的价值观、是非观、荣辱观，经不起挫折。为此我们必须建立开放型的教育生态系统，让师生走出校门，接触自然，接触那些体现时代精神风貌的环境。让学生认识自然，了解社会，懂得个人在社会大系统中，以及人类在生物圈中应有的地位、责任或作用，使他们善于透过现象观察事物的本质，学会比较和鉴别。在中等职业学校教育中这种"花盆效应"对学生成长的影响尤为突出，表现在学校环境、教学、师资、实践、生源等多方面的"花盆效应"现象。例如，一些中等职业学校的考试采用普通教育、应试教育的考试制度，重理论轻实践，考什么讲什么，或者老师讲什么就考什么，只体现学生掌握了考点知识，忽略学生的实际动手能力、应用能力，导致学生实践能力不强；学校的实训基地建设不合理，工位少，实训实操机会不足，或者只在模拟的环境中实践，没有参与企业、社会实践，只在学校的实验室、实训基地掌握人设环境下操作，离开了学校、步入社会、进入企业对真实的生产工艺和设备就不敢操作，甚至不懂操作，导致了与企业的实际工艺脱节。例如，汽车应用与维修专业的学生的汽车修理能力在这种"花盆式"的环境中发展，意味着学生脱离了这种学校典型工作环境。在非典型的、自然的、正常的汽修企业，其真实水平并不像想象的那么好，就是这种花盆式的情境教学方式带来的不良效应的典型反映。

二、中等职业教育"花盆效应"类别

（一）局限类

使生物的生长发育受到限制甚至死亡的生态因子称为限制因子。任何一种生态因子只要接近或超过生物的耐受范围，就会成为这种生物的限制因子。教育"花盆"不论是研究个体生态，或是群体生态；不论是教育生态的小系统，或是大系统，局限性是客观存在的。从教育的个体生态来讲，限制因子的限制作用是很明显的。例如，我国经济发达的东部和沿海地区，经济条件好，中等职业教育水平比较高、发展快，我国西部地区、边缘山区的教育相对落后，在专业设置和专业布局上存在很大的局限性；人的智力因素具有局限性，中等职业教学的个体——学生的智力和学生原来具有的知识储量对教育也有局限性。在教育的生态环境中，几乎所有的生态因子都可能成为限制因子，限制作用不仅由于某种生态因子的量太少，低于临界线，而且也会因为某种生态因子的量太大，在超过最大负载力时起限制效果，这对教育就有着局限的作用。

（二）促进类

在教育"花盆系统"的内部和各个大的教育"花盆系统"之间，都存在着竞争。不过竞争有良性和恶性之别，良性竞争多在同一个目标下，或共同利益基础上，彼此友善、学习和促进，主要通过奋发努力、积极进取，去获得胜利。而且把竞争（或竞赛）看作达到目的的手段，通过竞争促进事业的发展和普遍的提高。恶性竞争则相反，往往动机不纯，彼此敌视、诋毁和排斥，常常通过不正当的渠道和手段去夺取胜利，其结果往往是破坏性的。这说明，教育生态方面的竞争，与自然界的生存竞争有相同的一面，但又不完全相同。

目前，中等职业教育的大教育"花盆系统"之间的竞争十分激烈。在国际大环境下，我国的职业教育要为"中国制造2025"培养大国工匠等技能人才。党的十八大以来，职业教育被提到了前所未有的高度，受到了前所未有的重视。2014年2月26日，中共中央政治局常委、国务院总理李克强在国务院召开常务会，会议主题是"部署加快发展现代职业教育"，会议主要内容为：促进形成"崇尚一技之长、不唯学历凭能力"的社会氛围；打通从中等职业、专科、本科到研究生的上升通道；推进学历证书和职业资格证书"双证书"制度。2014年6

月，国务院召开全国职业教育工作会议，印发了《关于加快发展现代职业教育的决定》，提出以培养技术技能人才为目标，到2020年形成具有"中国特色、世界水平"的现代职业教育体系，以及教育部等六部门还共同制定了《现代职业教育体系建设规划（2014—2020年）》，在国际技能型人才竞争中，促进我国职业教育的发展和技能型人才的培养。

就学校教育生态系统而言，在同一个层次上也存在着竞争。例如，在中等职业学校之间，为师资力量、生源、资金，甚至为运动队招揽冒尖的运动员而发生竞争。这种竞争经常是全面竞争，竞争的目标和侧重点可以有所不同。对于一些特殊性的学校，目标是向特殊类型的学生更好地提供与众不同的教育；对于那些求生存的学校，目标是通过提供适当的教育，以防学校关门。各个中等职业学校在教学质量上的优劣、学生成就的高低、管理机制是否有效等方面都有竞争。例如，中等职业学校要争做示范性学校、争做重点学校、示范性特色专业及实训基地等，争市级、省级、国家级等，争培训中心，争考试点权，有时也争生源等。所有这些竞争，不仅关系到学校的经费投入，更为重要的是，它关系到学校的地位和今后的发展。在全国范围内组织职业技能竞赛，这也是运用竞争机制来促进教学质量的提高，一些重点或示范性学校，对此更不敢掉以轻心，唯恐名次排在后面，从而降低该校在人们心目中的形象。行政部门对学校办学质量评估、教学水平评估、卫生检查评估、环境卫生评估，等等，也是一种竞争，各学校都朝着优秀等级来打造学校。这种竞争对于学校的建设、管理有促进作用，提高学校办学实力。对普通中等职业学校来说，各级职业技能竞赛是一次多方位的竞争。学校之间、班级之间、专业之间、个人之间都存在着竞争，这种竞争异常激烈。体育运动会，歌咏、舞蹈比赛，无疑都是竞争。各级评选优秀学生、优秀学生干部，颁发奖学金，这些都是鼓励和推动积极的竞争。

竞争的结果，必然会优胜劣汰。在我国，曾经有一些中等职业学校在创办之后不久又消亡了，这些就是例证。2017年，广西职业教育大会发布了《关于调整我区中等职业学校布局和优化专业结构的指导意见》，广西不仅将在中等职业学校的布局上进行调整，还拟建立职业学校专业的进退机制。近几年，或将有大批现有专业退出。原则上，学生规模为500人以下的学校应合并。如在2008年由河池市的四所直属中等职业学校合并组建而成河池市职业教育中心学校。在合并之前，四所中等职业都难以为继了，每所职校的正常招生人数应为每年1 000～2 000人，但到了2008年前，四所中等职业学校每年的招生人数都只有两三百人，尤其是河池经贸学校，一年才招到几十名学生。后来，河池经贸学校等四所中等职业学校合并后，仅仅过了两三年，学校就发生了较大变化。首先是优势资源得到了整合；其次是采取了一系列改革措施，如成立理事会，让企业参与人才培养，政校企共建就业基地等。2012年，河池市职业教育中心学校由原来的"行将就木"，一跃成为国家示范学校，在校生人数从整合前的1 800多人增加到7 200多人。从进化生态学的观点看，竞争的长效性的后果是协同进化。从普遍意义上讲，竞争导致协同进化。首先，竞争对教育工作者有强大的推动力。竞争推动校长及广大教师锐意进取，献身教育事业和科学事业；推动教师和科研人员、行政管理人员、后勤服务人员更加努力地工作；还可推动学校的民主化，广泛地听取各方面的意见，更好地适应经济和社会发展的需要。竞争会激励师生，为着自己的目标而努力奋斗。其次，竞争起到了促进教育改革的作用，推动了教育的发展，促进了中等教育的多样化。当然，各级各类学校，在竞争中不是要作不切实际的攀比，而是要办出自己的特色。总之，竞争机制提高了学校、教师和学生的适应能力，促进了教学质量和科研水平的提高，促进了各个学校的前进和整个教育事业的发展。

从相互竞争到协同进化，这不仅是认识上的一个飞跃，而且在事实上是矛盾的转化，在这过程中相互副作用减弱，相互正作用加强。从进化生态学观点看，从长远发展的过程看，相互竞争的结果会导致协同进化。协同进化不是表明没有矛盾，而是在新的起点上进行新的竞争。

（三）博弈类

博弈本意是：下棋。引申义是：在一定条件下，遵守一定的规则，一个或几个拥有绝对理性思维的人或团队，从各自允许选择的行为或策略进行选择并加以实施，并从中各自取得相应结果或收益的过程。有时候也用作动词，特指对选择的行为或策略加以实施的过程。

从博弈的研究范式来划分，可分为传统博弈论和演化博弈论；从博弈的具体应用来划分，可分为静态博弈和动态博弈。静态博弈是指在博弈中，两个参与人同时选择或两人不同时选择。一般情况下，后行动者并不知道先行动者采取什么样的具体行动。动态博弈是指在博弈中，两个参与人有行动的先后顺序，并且后行动者能够观察到先行动者所选择的行动。

根据参与者能否形成约束性的协议，以便集体行动，博弈可分为合作性博弈和非合作性博弈。纳什等博弈论专家研究更多的是非合作性博弈。而当前学校与企业建立的一种校企合作模式是典型的合作性博弈，中等职业学校为谋求自身发展，抓好教育质量，采取与企业合作的方式，有针对性地为企业培养人才，注重人才的实用性与实效性。校企合作是一种注重培养质量，注重在校学习与企业实践，注重学校与企业资源、信息共享的"双赢"模式。

教育行政部门与学校之间，学校内部的师资、教学设备、教学资源、生源、校园环境等相互之间都是一种博弈关系，可以是两种因素之间，也可以是多种因素之间形成博弈关系。例如，学校在其他因素都满足的条件下出现师资力量不足、学生过多，就会制约学校的发展，学校就会出现多种选择方案：A 减少招生规模，B 教师多上课，C 高薪聘请兼职教师，D 招聘老师解决中远期师资不足问题，F 提前和延长开展企业实践等。在几种方案中选择一个和几个组合，决策的结果就会出现不同的博弈类型。假设选择方案 A 减少招生规模，这学校会出现资源闲置浪费（如校舍、实训设备等），影响学校的发展，是负和博弈的选择。假设选择 C + D 的组合，解决师、生比例失衡问题，对学校的发展有促进作用，是一种正和博弈的选择。

三、中等职业教育花盆结构

中等职业教育是职业技术教育的一部分它为社会输出技术人员，在整个教育体系中处于重要地位。中等职业教育"花盆效应"结构具体体现如下。

（一）宏观结构与微观结构

中等职业教育是职业教育的重要组成部分，也是大教育生态环境的重要成分。全国的职业教育生态环境、中等职业教育生态环境等大教育生态环境都是宏观结构，缩小到学校环境、教室环境。实训工位环境等小教育生态环境都是微观结构。

（二）层次结构

中等职业教育的对象存在年龄、智力的层次结构。中等职业学校年级划分的层次有相应的课程知识层次和实践知识层次。我们常常说的因材施教也是针对学生具有的知识量和接受知识能力进行教育的层次结构。中等职业教育形成个人生态、班级生态、学校生态、教育行政部门生态、更高级的行政部门生态、国家生态的生态系统层次。依据中等职业学校分级标准有示范性中等职业学校—规范化中等职业学校—合格中等职业学校层次结构，国家级示范性中等职业学校—省级示范性中等职业学校层次结构，国家级重点—省级重点—市级重点—合格中等职业学校层次。按学校隶属分为教育系统职业学校含省属（由省教育厅主管）、市属（由市教育局主管）和区属（由各区、县级市教育局主管），以及人力资源和社会保障系统技工学校含省属技工学校（由省人力资源和社会保障厅主管）和市属技工学校（由市人力资源和社会保障局主管）。

（三）资源结构

教育资源是人类社会资源之一，为教育服务。按归属性质和管理层次区分，可分为国家资源、地方资源和个人资源；按办学层次区分，可分为基础教育资源和高等教育资源；按构成状态区分，可分为固定资源和流动资源；按知识层次区分，可分为品牌资源、师资资源和生源资源；按政策导向区分，可分为计划资源和市场资源等。

（四）生态金字塔结构

生态金字塔把生态系统中各个营养级有机体的个体数量、生物量或能量，按营养级位顺序排列并绘制成图，其形似金字塔，则称为生态金字塔或生态锥体。以生态金字塔理论来观察教育生态系统的结构，可以发现，中等职业教育生态结构虽然有其特殊性，但是同样存在着生态金字塔结构。例如，从学校办学质量划分的示范性中等职业学校—规范性中等职业学校—合格中等职业学校，在数量上是正的金字塔结构，在政策性资源、教学资源、学生人数、学校规模看，是倒立的金字塔结构。

四、中等职业教育"花盆效应"的特征

（一）整体性

生态系统是一个整体的功能单元，其存在方式、目标和功能都表现出统一的整体性，是生态系统最重要的特征之一。教育"花盆"生态系统，是由主体和外界多维生态环境中各种生态因子所构成的网络，各个单元和因子之间互相联系、互相作用和影响，形成一种复杂的结构，在功能上组成一个统一的整体。系统中各组成部分的参数及其变量，彼此间具有互相调节和制约的作用，从而产生整体效应，俗话说"牵一发而动全身"，就是这种效应的表现。

例如，中等职业学校汽车运用与维修专业开设有通识教育课程、德育课、专业基础课、专业核心课等。本专业培养适应新型工业化需要的德、智、体、美、劳全面发展，具有必备的科学文化基础知识，掌握汽车制造与维修技术专业基础理论知识和良好的职业道德素质；具有较强的汽车制造、维修能力，在汽车检测、汽车维修、汽车生产制造、汽车整车销售、汽车配件销售等企业从事车辆维护接待、检测接待、修理接待、整车销售、配件销售等方面的中级职业技能人才；具有相关设备的操作、维护技能；具有专业技术的综合应用能力和一定的工作创新精神，面向生产、建设、管理第一线需要的、具有良好的职业道德的高素

质、多技能并有明确职业岗位定位的中级技能型人才。在整体课程系统中不是技能重要，就可以不上通识教育课程和德育课程，学校必须开设有德育课，引导学生形成正确的人生观、价值观、世界观，成为有德之人，加上专业知识的充实，成为德才兼备的技能人才。

例如，果树生产技术中的嫁接技术，学生不仅是简单地掌握嫁接操作，而是包含嫁接工具的准备、砧木的选择、接穗的选择、嫁接时期的选择、嫁接操作、嫁接后的整理、嫁接后的管理等嫁接的生态系统环节。如果不会工具准备，或者不合理，不进行准备工作检查；虽然工具准备了，但是其中嫁接刀不锋利，又大大降低了成活率；虽然嫁接成活了，但是嫁接口愈合不好，苗木生长不良。同样学生嫁接结束后，不及时回收工具、打扫现场、处理垃圾，久而久之，便养成草率、敷衍的不良作风和习惯。而且，不及时处理垃圾并进行分类处理，缺少环境保护意识。这样，一种因素往往会引发出多方面的影响。同样，一种情况的出现，会受多种因素的制约。因此，在中等职业教育中必须具备整体意识。

（二）动态性

教育"花盆"生态系统具有易变性，容易受各种环境因素的影响，并随着人类活动的变化而发生变化。例如，教育的产生是由于社会发展的需要，同时也会随着社会的需求而发生变化，政府部门通过调整教育的政策可以改变教育系统的结构和功能。例如，我国中等职业教育的发展，在"文革"期间，我国整个职业教育体系被破坏。其中，中等教育结构单一化倾向尤为明显。1976年，中等职业学校仅占高中阶段的6.1%，随着国家深化职业教育改革，20世纪90年代我国调整中等职业教育结构，大力发展职业技术教育，同时集合社会力量办学。到1996年，中等职业教育的招生数占高中阶段的57.68%。随着职业教育从计划体制转向引入市场驱动机制的转型，由包分配、免学费转变为自主择业、缴费上学，招生比例不断下降，招生数出现负增长。加上经济体制改革深化，中等职业学校毕业生就业困难，高校扩招，出现普通高中热招，中等职业生源数锐减。近年来，随着教育改革的深化，中等职业学校在校生数与普通高中教育在校生数持平。

（三）协同性

生态平衡是指在一定时间内生态系统中的生物和环境之间、生物各个种群之间，通过能量流动、物质循环和信息传递，使它们相互之间达到高度适应、协调和统一的状态。也就是说，当生态系统处于平衡状态时，系统内各组成成分之间保持一定的比例关系，能量、物质的输入与输出在较长时间内趋于相等，结构和功能处于相对稳定状态。在受到外来干扰时，能通过自我调节恢复到初始的稳定状态。在生态系统内部，生产者、消费者、分解者和非生物环境之间，在一定时间内保持能量与物质输入、输出动态的相对稳定状态。生态平衡时是动态的而非绝对静止的平衡，在生物进化和群落演替过程中就包含不断打破旧的平衡，建立新的平衡的过程。而且，平衡存在于一定的范围之中。一般来说，多样性能导致稳定性。所以，现在强调保护生物多样性，就是为了保护自然生态平衡。教育生态系统也是如此，教育协同发展是一个由"平衡——不平衡——平衡"的生态平衡。例如，在一段时间，中国只有大量的普通中学和少数中等专科学校，没有或很少有职业中学。曾经提倡过兴办农业中学，但又未能坚持下去，因而在相当长的一段时间内，大批初中学生毕业后，只能报考普通高中，没有中等职业学校可以报考。高中毕业后，大家拥挤在升大学这一条路上，千军万马过"独木桥"，生态平衡严重失调。近年来，国家通过教育改革，加快了中等职业教育的发展，中等职业学校招生规模与普通高中教育持平，以适应各行各业提高劳动者素质的要求，明显地改变了教育生态层次结构极不平衡的状况。就教育"花盆"的主体而言，各中等职业学校之间各类学校之间的比例构成，各中等职业学校内在的专业比例关系，学校的专业设置与学校的区域布局等关系，都存在结构性或功能性的生态平衡、协同发展的问题，彼此间既有相适应，又有相促进的关系；搞得不好，则相互牵制，产生不良的影响。中等职业教育"花盆"的协同发展，还反映在专业课、专业基础课、基础课教育的关系上。2000年，以前的中等职业教育"花盆效益"出现重记忆、轻理解，重理论、轻实践（实验、实习），从而导致"高分低能"的现象，与社会脱节，培养的学生不适应社会的需求。2000年之后，随着教改重视，一些学校又过度强调操作，出现了重实践轻理论，放松对通识内容的要求，大大削减语文、数学、德育课程，在校1年、企业2年，把职业教育变成了流水线教育，严重制约学生的进一步发展。这些生态不平衡现象，其影响是深远的，必然严重影响人才的全面素质，刺激教育部门和学校进行教育改革。在人才培养、师资队伍、教学手段、教学方法、教学设备、实习实践等方面进行改革创新，适应社会对人才培养的需求，以保障学校正常运行，促进学校协同持续的发展。例如，当前存在的中等职业教育培养的学生，虽然具有较强的专业技术，但是滞后于生产技术的要求，跟不上科学技术的发展和现代工艺的进步，学校为了发展，就会强大师资队伍、配置先进的教学设备、建立足够的实习实训基地、引企入校开展校企合作等手段完善人才培养途径。正是在这种技术发展的过程中，实现了学校与学生的协同发展功能。

在任何一所学校的内部，师生人数之比，教学人员、管理人员、后勤人员之比，教师、学生与实验技术人员、图书资料人员之比以及校内总人数与绿化面积、运动场地面积之比等，都属于教育花盆协同发展的关系问题。

（四）平衡性

教育系统也具有生态平衡的功能。如学校师资数量和学生数就是一种动态的平衡关系。师资不足，必然会引起学校教学质量、服务功能下降，办学效果不好，学生就流失，也会影响到学校的声誉。为了学校的发展，学校就会引进师资，达到合理的师生比例，达到新的平衡；相反，如师资过剩，老师无课上、无事可做，收入降低，老师就会离职流失。学校为了自身的生存，就会想尽一切办法，解决生源问题，扩大招生，去保护和培育生源环境，从而在这种破坏与保护之间，实现生态平衡的功能。

（五）开放性

中等职业教育"花盆效应"具有开放性，教育不是孤立的，依赖外部环境，受到当下社会影响。如中等职业学校从企业、科研单位特聘行业专家、教授充实师资队伍，为学校的教学科研服务。通过校企合作进行产教融合，做到了学校与企业信息、资源共享，学校利用企业提供设备，企业也不必为培养人才担心场地问题，实现了让学生在校所学与企业实践有机结合；让学校和企业的设备、技术实现优势互补，节约了教育与企业成本。

第三章 广西中等职业教育"花盆效应"现象研究

广西中等职业教育既有整个国家中等职业教育的特征、效应,也有着地域、经济、人文环境特色突出的地区区域中等职业教育特点。区域地理、经济、人文环境赋予广西中等职业教育"花盆效应"全国特色之外的区域烙印,广西中等职业教育资源性的、人文性的、结构性的特点决定了教育现状,也决定了与其相关联的教育效应,即广西中等职业教育"花盆效应"。本土教育资源、人文历史、教育结构影响因素等,都是广西中等职业教育"花盆效应"的研究介质。以介质看本质,研究更深入透彻。

第一节 广西中等职业教育现状

广西地理位置、物质环境、人文环境、资源情况等,是广西中等职业教育的坚强后盾,支撑着也制约着广西的中等职业教育。

一、广西中等职业教育现状概述

教育及教育环境,是人工生态系统中的一部分,本身也是一个生态系统。系统中的任何一个组成部分的变动,都会导致系统的变化,变化大小与组成成分在系统中的影响力相关。教育的发展与教育生态环境,彼此共生同长,协同进化。教育的物质、人文、政策、经济、地理位置等"花盆"环境，以教育为主体，对教育的产生、存在、变化、稳定、发展等起调控作用。各省份因为省份经济、地理环境、人文差异原因，职业教育发展呈现地域、经济、人文因素烙印。职业教育受全国职业教育大环境、周边省份职业教育、经济发展、人文环境影响，既有职业教育的共性，也有地域、经济、人文背景、素养的职业特色。各省份、地市，因此形成了省份、地市、地方的中等职业教育"花盆"，在大环境、区域环境"花盆"里发展与成长。广西中等职业教育在实施职业教育攻坚多年以来，"花盆"条件利用率提升，地域、经济、人文等花盆边界得到延拓，人文素养也在社会经济发展大潮中呈上升趋势，中等职业教育成效，可圈可点。在发展大流中，广西中等职业教育"花盆效应"也如其他省份一样，有促进期，也有局限期。不可忽视的是，在广西的中等职业教育"花盆"环境局限期出现的时间更早，局限效应不容过于乐观。

二、广西中等职业教育物质环境现状

（一）物质环境对生源影响现状

广西地处南疆，史称南越、南蛮，地理环境条件恶劣，喀斯特地貌，陆路交通不发达，经济落后，物质环境贫瘠。越是贫穷的地区，物质环境对于教育，尤其是对中等职业教育的影响越明显。虽然东南地区与发达的珠江三角洲毗邻，南延以海域与东南亚相通。但是，发达的珠三角、东南亚发达地区经济发展模式，难以在广西安家落户。广东珠三角发达经济对广西的显著影响，体现于体力劳动力、简单手工劳动力输出明显；体现于高素质、高端人才价值突出的，技术劳动力价值无明显体现。这在广西中等职业教育上，负面影响大于正面影响。如20世纪90年代末、21世纪初，广东大量流水线生产模式工厂招工，因流水线工序、产品的简化、单一化、机械化，对工人的文化水平、职业技能无门槛，工人年龄无严格限定，薪资普遍比广西境内务工薪资高，吸引了绝大部分的劳动力流向，内含大量中等职业生源流向，就业性生源流失非常显著。因此，造成了缺乏远见的人的一种误解：读书没有用，读书出来也是打工，读中等职业学校和大学出来在工厂干的活跟不读书差不多，领的工钱跟不读书的人一样。在广西农村有很长一段时间，这成了下去招生的人听得最多的村民对动员学生就读中等职业学校的拒绝理由。近年来工人年龄限定严格，加上相关的政策压力，部分工序机器人或机械手的生产引入，生源流失率下降，流失压力缓解，三维工厂的出现给中等职业学校送了一个福音，同时也敲响了职业教育发展的警钟。

（二）物质环境对教学水平影响现状

中等职业教育的投入，在广西实行职业攻坚战后力度加大明显，大型职业设施设备投入增多，实践设备紧缺得到缓解，学生的实践技能水平有了一定的提升。但是，与江苏、山东、福建、广东这些职业教育发达省份相比，差距巨大。投入的设备和设施出现已淘汰、已落后、不适用、不会用、不应用、无法用等一系列现象；行业的先进设备和设施无资金引入也难以批量引入，与企业合作未能深入，企业未提供最先进行业设备、设施等，导致投入对中等职业教育水平提升的正向影响明显未达预期效果。边远中等职业学校甚至落后的设备和设施都严重缺乏，教学质量保持尚难，何以保证提升？

三、广西中等职业教育人文环境现状

（一）社会定位低，生源整体综合素质偏低

社会普遍对人才价值初步评价，始于文凭高低，不是职业技能或综合素质。一般来说，中等职业学校学生就业价值不突出甚至处于劣势。在高等教育冲击下，对中等职业教育远景价值无法预见的民众，更趋向于选择奔向高等教育的传统途径——普通高中教育；中等职业教育更多地被视为上不了高中，又不愿让孩子流于社会的无奈选择。民众在此大环境下，有条件的家庭，出现了逼迫孩子上高中。2018年，高中义务教育实施大势在党的十九大上提出后，对中等职业学校的生存是新一轮的冲击。趋利及高价值的吸引，选择中等职业教育的生源，个体综合素质普遍偏低。中等职业学校在民众心中的地位，每况愈下，生源、师资均出现不足。加上相关政策暗隐的可能性导向，社会对中等职业

教育价值定位，会进一步下降。如广西某市县 2017—2020 年"高中阶段教育攻坚计划文件"，目标 2017 年新增普通高中在校生学位数为 2017 年 7 600 个，2018 年 10 000 个，2019 年 13 300 个，2020 年 12 400 个；新增中等职业学校在校学生位数为 2017 年 2 100 个，2018 为 5 000 个，2019 年为 3 000 个，2020 年为 1 200 个[1]。不了解社会职业需求、走向、现状，甚至对自己孩子学习状况也不甚了解的民众，对于文件的解读，更趋向于"中专不好，国家政府都大力支持、投入普通高中教育了"。这样的定位和学习价值取向，是很普遍的，其结果就是影响流向中等职业教育生源的量与质了。

（二）师资流失大，教育水平下降

长期以来，社会对职业教育认识定位出现偏差，普遍认为职业教育只是一种低层次的教育形式，培育的人才就业岗位设置也是低层次岗位。在中等职业教育从教履职，薪资比中小学教育、企业或其他行政事业单位低，造成职业技能型和高技能型师资转型、改行、流失。这一点从华经情报网的数据可以看到，2010—2017 年 8 年时间，我国中等职业学校专业教师数量，仅有 2011 年上升，2012 年后的 5 年是持续下降的。2017 年与 2011 年比较，降幅最大如图 2 所示[2]，高达 48 965 人，与 2016 年比较，一年降幅也达 745 人。从图中可以看出，中等职业教育吸引力的蜕变。全国的职业教育师资情况，虽然不等于每个省份中等职业教育师资变化均如此，但是广西壮族自治区人大常委会调研组 2016 年 8 月 19 日的《关于我区职业教育发展情况的调研报告》统计数据显示，广西壮族自治区的职业教育师资情况与全国的统计吻合。人才价值吸引力不足，不足以吸引未入职、在择业技能型人才、行业技能人才的目光，也留不住新入职者长期停留在中等职业教育上。而且，新入职的中等职业教育师资，典型短板的，是职业教育亟需的实践技能。未

---

[1] 数据来源于钦州市普及高中阶段教育攻坚计划实施方案（2017 - 2020 年），钦州市教育信息网．

[2] 数据来源于华经产业网．2010 - 2017 年全国中等职业学校专任教师数，华经产业研究院收集．

改弦更张的老教师，因政策、体制、经济、个人前瞻眼光、个人生理、心理等种种原因，职业技术技能，停留在十年八年前甚至于几十年前，教育教学方式老旧的现象，随着行业的发展，日趋明显。

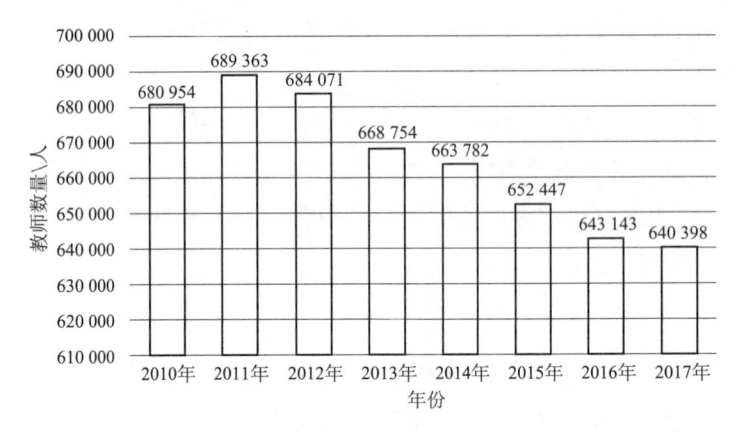

图2　近年来中等职业学校教师数量（数据来源于华经情报网）

四、广西中等职业教育对象的生理和心理环境现状

　　生活水平的提升，与家庭教育水平协同进步步伐并不一致。基于对富足物质水平的追求，父母外出打工，孩子留在家给老人教育看管的情况一直都呈上升趋势，各地留守儿童数量一直上升。父母疏于教育导致的家庭教育缺失，物质水平的提升满足了孩子学习、玩的物质需求；孩子对环境影响的心理自控力却没能在不同的教育阶段获得相应的教育协同提升，生理和心理发展不同步现象明显，孩子成长过程中的行为退行现象虽然不明显，但确实存在。经济的宽裕、网络及网络游戏的流行、手机的普及、家庭教育的短缺、"隔代亲"的放任，出现了一批"手机控""低头族""游戏粉"。1997年，国家教委发布《普通高校毕业生就业2年暂行规定》，开始自主择业。这项政策实施多年，在教育水平一直上升不快的广西，民众缺乏前瞻眼光，文化底子不厚实是普遍现象。认为读大学出来都要自己找工作，中专生与大学生不能相比，中等职业学校毕业后打工的薪资跟不读书打工的薪资一样，"读书无用论"泛滥，"60分万岁"盛行也是一种大势，对中等职业教育有巨大影响的"势"。学生与教师冲突中，有理无理的投诉增多，教师责任被无限放

大、中、小学教师教学管理严格程度降低,中、小学升学到中等职业学校学生,学习兴趣不高,玩性浓厚,攀比的是玩的高下和物质享受程度。

目前,中等职业学校课堂有效教学虽然得到各方的重视,教师也着力从个人、教学设备、教学手段、学生心理需要等各方面提升课堂教学效果,效果还在提升中。教师的努力在路上,学生及学生家长的努力在哪里?要改变中等职业学生中小学生已养成的心理行为习惯,中等职业教育,任重道远。

五、广西中等职业教育政策环境现状

物质、经济与人文环境是中等职业教育的土壤,政策导向是中等职业教育的阳光。政策的扶持,就是对中等职业教育的肯定与评价的提升,对中等职业教育有至关重要的影响,对中等职业教育的发展有着不可忽视的作用。国家、广西壮族自治区党委、自治区人民政府在21世纪初开始就已经加大了对中等职业教育的关注与投入,制定了一系列的政策、文件。

(一)广西壮族自治区中等职业教育相关政策及影响

近十年来,广西壮族自治区党委、自治区人民政府制定了系列职业教育政策文件,对中等职业教育意义及影响深远。如2007年年底,广西壮族自治区党委、自治区人民政府发布了《关于全面实施职业教育攻坚的决定》(桂发〔2007〕32号),2008年,三年职业教育攻坚战打响,各地都紧跟着制定了相关的职业教育攻坚文件与要求,职业攻坚提到前所未有的高度,职业教育投入也大幅度提升。2012年2月,广西壮族自治区人民政府印发《广西壮族自治区新时期深化职业教育攻坚五年计划的通知》(桂政发〔2012〕9号),职业教育攻坚又添薪加火。2014年1月,广西壮族自治区党委书记彭清华在全区教育发展大会上发表重要讲话,广西壮族自治区党委、自治区人民政府连续发布了《关于加快改革创新全面振兴教育的决定》(桂政发〔2014〕2号)、《关于进一步加大教育投入加快教育发展的意见》(桂政发〔2014〕11号),

广西的中等职业教育发展进入近十年的鼎盛时期。2017年，自治区政府办公厅又印发《关于中等职业学校布局调整和专业结构优化的指导意见》。以上的这些文件、讲话、政策，都对中等职业教育发展提出政策层面的布置、关注、支持。其中《关于全面实施职业教育攻坚的决定》（桂政发〔2007〕32号）、《广西壮族自治区新时期深化职业教育攻坚五年计划的通知》（桂政发〔2012〕9号）对中等职业教育发展推动力巨大，让许多中等职业学校走出生源瓶颈，打破生源原因形成的"花盆效应"。在《关于全面实施职业教育攻坚的决定》（桂政发〔2007〕32号）、《广西壮族自治区新时期深化职业教育攻坚五年计划的通知》（桂政发〔2012〕9号）两个文件实施的过程中，中等职业教育基础条件得到显著改善，办学规模不断扩大，办学质量明显提高。政策的促进"花盆效应"这一时期内效果显著。

（二）现阶段相关政策的新挑战

2017年4月，教育部等四部门印发了《高中阶段教育普及攻坚计划（2017—2020年）》，提出到2020年全国普及高中阶段教育。这对于借到职业教育春风的多数中等职业教育学校，是一个冲击，是个巨大的挑战。尽管高中阶段的教育包括中等职业教育，但是增加的普通高中学校建设及投入使用，对于那些还处在生存瓶颈的中等职业学校，就是发展阶段的难关。这实质也是职业教育的"花盆效应"，政策性"花盆"局限效应。

目前广西的物质、经济、人文环境等中等职业教育环境现状，构成了广西中等职业教育花盆环境。此环境下产生的职业教育效应，即为广西中等职业教育"花盆效应"。

第二节　广西中等职业教育的"花盆效应"现象

生态系统中任何环境因子的改变，都会产生相应的现象。有些现象症状明显，影响力大；有些现象细微，症状不明显，但积累足够的时间后，症状会逐渐显现显著。症状显著与否，与构成的环境大小、关注程度相关。"花盆"环境现象因范围的狭小,更容易显现症状。区域教育环境就是一个教育"花盆"。从广西中等职业教育"花盆"环境可看到,广西中等职业教育"花盆效应"现象源于花盆环境资源、结构组成层次、政策倾向等的主导,衍生的效应呈现主要为资源性教育"花盆效应"、结构性"花盆效应"、政策性"花盆效应"、层次性"花盆效应"。广西中等职业教育的这些"花盆效应",是广西中等职业教育生态环境的产物,环境决定了效应的方向、衍生范围以及类别。

一、广西中等职业教育"花盆效应"类别研究

(一) 广西中等职业教育资源性"花盆"类别

在中等职业教育"花盆"中,资源决定了职业教育发展的方向、水平,决定了职业教育层次、结构,尤其是当地经济发展资源。在资源归属、管理层次上,广西职业教育外部资源、决定性资源以当地资源为主,拓展引进外地资源为辅。职业教育努力方向,也受职业教育大环境的主导与控制——如国家层面的政策导向。职业教育内部资源中,师资、设施设备、顶层设计、管理水平等,影响"花盆效应"方向。例如,师资个人教育资源决定了个人素质、个人接受职业教育达到的层次、水平,影响学生学业课程、学业水平,甚至综合素质养成。广西壮族自治区职业教育体现在个人层次上的资源分配符合马太效应,非常失衡。在资源的形态上,有流动资源、固定资源。整体上,不管是流动资源还是固定资源,广西的职业教育资源相对贫乏。从资源的优劣上,有品牌资源、一般资源、劣质资源。广西的职业教育,品牌资源、一般资源都严重缺乏,在全国职业教育生态位居后,属国家"帮扶"对象。资源低谷是广西中等职业教育资源"花盆效应"典型现象。低谷的抬升及优势的张扬,可以遏制"花盆效应"的负面效应,但脱离了专业、生源、实践、师资、信息等环境资源效应,将无法实现。

1. 专业资源教育"花盆效应"

专业资源源于社会需要,与社会需要协同发展。社会需要普遍的专业发展迅猛,生源流向流量增长;社会需要饱和或专业、职业技术已走

向淘汰的专业将萎缩，新生接替人才不继，企业、社会需要人才水平、质量数量等相应受影响。专业职业教育水平低，社会效益低，社会不接纳、少接纳该专业人才或专业人才付出与收益失衡，专业将无法发展，社会相关职业岗位无法得到人才需要的满足，企业无法发展壮大，在社会生态竞争中逐渐被淘汰，专业也失去了生存的生源流向支撑，萎缩甚至退出专业设置。

社会行业的发展情况，是专业发展的花盆。行业兴盛，则相关专业兴盛；行业衰败，相关专业受影响萎缩。行业投入少，产出大时，行业吸引力、行业从业趋向率提高，与行业相关的职业教育专业壮大；行业投入大，产出、收益低，行业社会人才需要下降，与行业相关专业受影响缩减或退出。优胜劣汰是行业发展大势，也是职业教育发展大势。能紧跟行业发展的职业教育专业，为优势专业。在大数据环境下，外来新兴行业冲击增大；当地的交通也是地方行业发展的影响因素之一，交通便利，新兴行业入驻便利，相近新兴行业对当地行业发展产生抵制、压制。但当地影响为依然不可忽视，影响力一定时期内将大于资源大范围流通。目前，因国家在"动车""高铁"的高投入，交通便利，互联网发达，信息传输快，社会需要资源能大范围快速流通，流通数据呈上升态势，使中等职业学校在专业教育资源上的"花盆效应"生态迁移可能性提高，但专业教育资源"花盆效应"依旧显著存在。

例如，广西玉林，因广西玉柴机器集团有限公司对职业技能型人才的紧缺，毗邻机械、电子工业产业发达的广东，多年来玉林市中等职业技术学校的专业中的机械、电子类专业获得了社会、家长的信赖青睐。

例如，当汽车"飞入寻常百姓家"，汽车应用与维修、汽车美容专业不但成了广西许多中等、高等职业学校的支撑性专业，还成为各地乃至全国热门行业。就读生源流向大，社会相关行业增长迅速，就业形势大好，社会趋向性明显。

2. 生源资源教育"花盆效应"

社会入职学历"门槛"的提升，将大部分家长导向"高学历，好工作"思维模式，导向认定孩子要读高中上大学才能找到好工作，才生存得更好的方向，也引导了初中毕业生生源流向。流向中等职业教育生源，是达不成高中入学最低要求的生源；因为家庭无法支撑起普通高中教育费用后无奈流向中等职业教育的生源甚少，中等职业教育几乎是大部分家长与学生不得已的选择，心理需要程度下降。学生入学率低，学生求学欲望低，学习效果低，就业技术能力、创新能力与社会行业企业需求有差距，自我管理与约束力普遍下降，逐渐形成了恶性循环：入学生源素质下降→求学欲望下滑→自律性降低→人才能力降低→社会需求不能满足→中等职业毕业生不堪用→中等职业毕业生职业成就感低→读中等职业找不到好工作→不愿选择就读中等职业→就读中等职业生源量下降→入学生源素质下降。实施职业教育攻坚后，生源性"花盆效应"有所遏制，积重难返的影响依旧明显。其中，生源、社会心理因素"花盆效应"不可忽视。

3. 实践资源教育"花盆效应"

职业教育实践的重要性不言而喻。我们的职业教育一直重视实践教学，21世纪前，中等职业教育学制为4年，实践教育贯穿于整个教学中，除教学过程中的教学实践外，校外实践学习每学期有一个星期至一个月不等，中等职业学校毕业学生技能与行业岗位技能衔接称不上无缝，但也适岗。中等职业学校学制改革是在20世纪末21世纪初，改为三年制，然后是2.5年制，再变为2+1制，课程学时随学制压缩，文化基础课和专业课课时同时压缩，文化基础课程压缩程度最高。这种学制下，实践教学在21世纪的中等职业教育中被推至极高的位置，政策性文件中有提出中等职业学校实践教学要占学科教学的50%以上。在部分中等职业学校，有教师提出撤除文化基础课，只设专业课及专业实践课程。提出文化基础课撤除的理由是：职业教育中专业课程为重，学生也不爱文化基础课，浪费专业学习时间，不如给学生实践或学习专业课。学生也理由充足地提出：我们是来学技术的，不是来学语数英、数理化的；技术是要练习动手的，不是坐在教室里的。事实是，没有理论基础的操作是重复性操作，缺乏创造，缺乏延伸力，缺乏拓展力，也易造成设备损毁率上升，造成实践环境退化。

在职业教育攻坚政策下，各职业学校获得一批设备建设项目，实践教学环境得到改善和提高，缓解部分实践教学压力。然而，教学设备的更新改善无法与社会发展同步，师资力量发展在现阶段也无法与社会行业技术发展同步，实践教学资源、师资、生源、学制等花盆环境条件，造就了实践教学花盆环境效应，效应与实践教学同步发展，协同或制约实践教学发展。不可忽视的是，社会行业对中等职业教育师资、中等职业教育学生实践的接纳情况，也是中等职业教育实践资源的一部分，且是中等职业教育师资、中等职业教育学生行业技能是否与社会行业需求同步的关键，是广西中等职业教育最缺乏的部分。

4. 师资资源教育"花盆效应"

教师是教学的基本条件。即便是慕课（MOOC），教师也是必备教学条件之一。不管哪种教学模式，不管理论教学还是实践教学，师资水平都是教学水平的关键因素。教师教学水平发展，职前是基础，职后发展是关键。教师职后技术能力水平提升，是职业教育水平提升不可缺少的要素。教师职后技术能力提升培养条件和途径，影响职业教育水平，是职业教育"花盆"环境条件之一。打破职业教育"花盆"边界，无限放大花盆边界、创造适宜条件，或打造花盆与外界环境条件的通路，才是职业教育师资可持续发展的通途。

目前，中等职业教育师资来源复杂，大部分教师入职前并非科班出身，部分教师是大专业或相关专业入职，因此存在这样的情况：有师范教育功底的专业技能欠缺，有技能功底基础扎实的缺师范教育技巧，有的师范功底、专业技能基础都不具备。教师入职后，中等职业学校教师专业技术技能常见提升途径一般有以下几种：一是在校以老带新跟岗学习；二是到企业实践；三是参加省或区级培训；四是参加国家级骨干教师培训。在四种途径中，专业技能提升能跟上社会需要步伐的是企业实践，但是受企业对教师接纳程度、态度、教师意愿制约。其他三种路径，各有优势，各有花盆边界，各有花盆环境影响制约。

5. 信息资源"花盆效应"

信息传递与应用是生态系统的功能之一。教育生态系统中，信息传递与应用是教育发展的风向标，信息畅通、善于运用将会赢得发展先机，信息迟滞、来源贫乏将影响教育发展状态。信息资源的来源、信息人才资源、信息收集分析的设备设施、信息的判断应用等，构成信息资源环境。

广西中等职业教育信息来源：一是网络大数据；二是政策性公开数据；三是实体环境传播数据。网络大数据信息的筛选、分析鉴定、应用在高等院校方兴未艾，中等职业学校还未具备信息处理的环境条件及资源。在职业教育发达地区，职业教育信息获得渠道众多，走出去引进来的信息足以为中等职业教育发展决策导向。在广西壮族自治区，走出去的机会逐渐增多，东盟十国职业教育上的交流，将广西职业教育"花盆"信息资源连通，实现世界性、全国性大数据的倡导与应用，信息资源"花盆效应"一段时期内，将是促进作用大于局限作用，呈上升趋势。如果能善于运用东盟职业教育先进国家如新加坡职业教育先进信息，综合其他国家职业教育有利信息，广西职业教育信息资源"花盆"促进效应将更显著。目前，广西职业教育信息资源处于初级阶段，信息的采集、分析和运用，在中等职业教育上未有系统的规范的模式，凭借的是各院校信息人才或管理者自有的信息敏感度及信息辨识应用能力，信息人才或管理者的信息敏感度、信息辨识应用能力构成了教育信息资源的"花盆环境"组成部分，个人对信息的敏锐度，应用能力所产生的效应，是相应的信息资源花盆的一部分，对花盆环境的影响力效应力与个人影响力，信息影响力有关。

（二）广西中等职业结构性、政策性"花盆效应"

广西中等职业教育"花盆效应"，从范围及大小调控层次上，含宏观结构效应与微观结构效应。宏观结构效应多是政策层面、经济社会环境影响产生的结构性效应。宏观上，21世纪起，国家在每一年的中央1号文件上，都有职业教育发展战略上的宏观调控，各省份、各地市在宏观政策基础上，制定适合于各省份各地市发展的政策方针。广西壮族自治区在2007年开始进行职业教育攻关，从资金上、生源上、师资上、政策上多方面给予支持和投入。2012年制定深化职业教育攻坚五年计划。计划中列有"继续支持城市职教园区和市、县职业教育中心学校建设。在中等职业教育层次,重点建设100所示范特色学校和200个实训基地。""广泛组织开展师生技能比赛,建立一批自治区职业教育技能竞赛基地。""实施职业教育体制机制创新工程。落实政府发展职业教育的职责,建立健全政府主导、行业指导、企业参与的职业教育办学体制机制。以设区市为主稳步推进中等职业学校管理体制改革。""落实《广西中等职业学校机构编制管理暂行规定》,制定符合中等职业教育发展要求的教师资格认定制度。制定促进校企合作的优惠政策,推进职业教育产教合作、工学结合制度化。探索建立中、高等职业教育相互衔接、协调发展的现代职业教育人才培养体系。"[1]

在职业教育微观结构方面,中等职业教育行业指导委员会有一定的调控指导,力度几乎可以忽略。中等职业教育调控,政策之外,职业学校内部机制与需要调控作用明显,即职业教育发展市场调控作用明显。

从资源来源上分,中等职业教育资源结构由内部资源结构、外部资源结构构成。外部资源结构可分为社会资源结构、国家资源结构。内部资源结构有硬件结构、软件结构,硬件结构蕴含了基础设施、设备、学校布局、面积、地理位置等;软件包括顶层设计、管理水平、师资结构、师资水平、教学水平、生源结构、生源基础、地方教育基础、教育理念等。外部、内部结构,构成了中等职业教育花盆划分的边界、环境条件、影响因子。其中任何因子的任何变动,势必造成微观甚至于宏观上的环境改变,产生不同的"花盆效应",即结构和功能上的"花盆效应"。

(三)广西中等职业教育层次性"花盆效应"

广西中等职业教育在国家教育管理层次隶属性的定位为中等职业教育,培养技术技能型人才。从教育管理层次上,中等职业教育隶属于高中阶段教育,职业教育的中等职业全日制教育、中等职业成人教育层

---

[1] 广西壮族自治区新时期深化职业教育攻坚五年计划,广西壮族自治区人民政府,2012.02.23。

次，其效应受年龄心理层次、对象层次影响。因此，中等职业教育层次结构中，含年龄结构、心理结构、对象结构等结构效应。从教育体系层次分，中等职业教育为基础教育的高中阶段教育，却与平行的普通高中教育有着本质区别，与职业高中也存在着差异。其效应有着基础教育的知识低层次化效应，有职业岗位需求主导效应，以及职业岗位针对性、选择性效应。从人才培养层次分，中等职业教育为职业教育、多元教育，职业技能化、多元化、实效化是其效应的本质特征。从总体上，广西中等职业教育层次，20世纪末21世纪初至今，生源性学生理论素养呈下降趋势，综合素质普遍偏低，技能素养参差，受教育背景影响显著，差异性大。成年人的中等职业教育结构"花盆效应"中，年龄沉淀及阅历带来的学习目标明确，纪律上自律性强效应明显，但是接受能力、学习成效因素质背景差异明显，有基础者学习成效显著，无基础者学习效果差强；未成年人的全日制中等职业教育结构"花盆效应"中，未成年人思想混沌，学习目标不明确，个体需要存在年龄性、背景性短视，学习自律性差，有压力或需要时授受力强，学习成效显著，年龄"花盆效应"显著。

二、广西中等职业教育"花盆效应"结构研究

效应，是一种现象。广西中等职业教育"花盆效应"结构，是依存于职业教育结构。职业教育结构产生的效应组成，构成职业教育效应结构。以职业教育效应结构受职业教育结构作用影响，职业教育"花盆效应"结构可分为宏观结构效应、微观结构效应、资源结构效应等。其结构与生态系统的结构类似，有水平结构、垂直结构、立体结构等。效应影响范围以花盆地域为中心，向周围辐射影响，这是效应的水平结构；效应影响范围以花盆管理层次纵向延伸扩张，这是效应的垂直结构；在通常情况，效应影响同时存在着水平延伸扩展，也存在着以花盆管理层次伸张，这是效应的立体结构。绝对纯粹的水平结构或垂直结构是不存在的。

在现实中，中等职业效应结构的研究，常融入中等职业教育结构中，其影响也投射于教育结构影响中，影响力大小，波及的范围大小，

也在职业教育结构中呈现。因此，本书中的中等职业教育"花盆效应"结构，以职业教育结构为依托。广西中等职业教育"花盆效应"，宏观效应结构的主体效应是刚性的，即国家政策调控刚性。微观效应结构与地方资源结构、层次结构相依存，动态变化起落。如北部湾经济变迁，带动了北部湾中等职业教育的变更。

三、广西中等职业教育"花盆效应"影响研究

广西中等职业教育"花盆效应"的影响，促进性效应与局限性效应并存。从时间、地理位置角度看，阶段性、地域性促进或局限效应明显。从效应结构看，微观结构、层次结构、资源结构效应明显。如沿海资源变更快，信息来源快，中等职业教育促进效应易在快速变更中多次出现，局限效应也在快速变更中被打破或被扩大。从影响的范围上看，广西中等职业教育"花盆效应"宏观受国家政策主导，很少有像江苏、广东等职业教育大省以一省的职业教育"花盆效应"改变撬动国家中等职业教育宏观结构，对其他省份的影响力也甚微；资源、层次结构效应影响力受经济大潮影响大，与经济潮流起伏而起伏。在经济兴旺时，中等职业教育"花盆效应"出现相应的促进或局限效应。例如，汽车产业兴盛时，大量的汽车修理店、4S店兴起，产生了大量汽车技能型劳动岗位空缺，岗位薪酬或投资回报率上升，引导了生源涌向汽车维修专业，形成了广西多年的汽车专业的促进性"花盆效应"。又如计算机专业，刚进入广西区域内，也如汽车专业一样，有一段鼎盛时期。当市场饱和，需要更高的计算机专业技能补充，广西区域教育"花盆"的局限效应显现，没能及时补足计算机专业更高更多的专业技能需要，生源素质的局限效应也相应地凸显，抑制了生源流，计算机专业就进入了发展花盆的局限效应期，目前在进一步扩大。

广西中等职业教育"花盆效应"的影响，与当地构成"花盆"的一切环境因子相适应。环境的改变，导致影响效应力的大小。因而，增强或提升促进性"花盆效应"的，可以以"花盆结构"的打破为途径，以增加"花盆资源"投入为途径，以改良"花盆"周围环境为途径等。

四、广西中等职业教育"花盆效应"内涵与外延研究

广西中等职业教育"花盆效应"的内涵,指的是广西中等职业教育在广西区域内产生如园林盆栽般的"花盆"内在反应、影响,外延是指广西中等职业教育在广西职业教育"花盆"的反应,影响引发的相关事件、活动、事情等。

广西中等职业教育"花盆效应","花盆"内反应影响主要来自资源、结构的变化。宏观上的结构在国家调控内,维护稳定是必定的,变化一般不大,在原有资源变更不明显或格局改变不大的情况下,造成的影响力、影响面在"花盆"内就可消化或跟随着改变。微观上的结构与资源变化,也与当地经济发展相适应,与当地所处地理、经济地位相关联。例如,南宁、柳州、桂林、梧州、玉林等经济区内较发达的城市,中等职业教育"花盆效应"的经济促进效应明显,局限性效应在一定的时期内肯定也存在。研究中等职业教育"花盆效应"的内涵,研究其"花盆结构"变化关键因子,掌握和优势调控其关键因子,使其内涵中的促进效应长时间的维持;研究中等职业教育"花盆效应"的内涵,研究其"花盆"内资源结构变化规律,利用规律加强促进效应,抑制局限效应;研究中等职业教育"花盆效应"的内涵,研究其"花盆效应"的影响方式,以方式改变促进效应改变,争取最可能争取的促进效应。因此,研究广西中等职业教育"花盆效应"的内涵,媒介是效应所依托的层次结构、资源结构、宏微观结构及结构环境。

广西中等职业教育"花盆效应"的外延,通常延伸至与中等职业教育关系密切的人、事、物。例如,中等职业教育"花盆效应"的促进效应明显时,与其相关的专业、行业肯定是处于上升期,进入该专业、行业的人流增大;反之,专业、行业正往衰退或弱势方向变化,流向的人才流减缓、减少。研究中等职业教育"花盆效应"外延,需要研究与外延相关的因素及相关因素可能的波及范围,找出其牵涉的内在联系及潜在的辐射、外延的方向、途径、影响,以规律找方法,解决外延的局限效应或将局限效应转化为促进效应。

第四章 广西中等职业教育"花盆效应"现象实例评析

广西中等职业教育在职业教育发展中起起落落，有职业教育大潮的推动，有广西中等职业教育"花盆环境"的杠杆调节。在起起落落中，事物辩证的两面性，都是关注点。教育的两面性，是局限及促进两面。局限效应备受关注的是局限如何打破、改善，促进效应关注的是如何扩大、辐射，与此相关的协同发展与竞争效应也进入研究应用的视野。

第一节 广西中等职业局限类教育"花盆效应"现象实例评析

教育，存在于环境中。环境的变化，或多或少，或大或小，对教育都存在影响。影响是正向或是阻滞，与教育对环境条件的依存有关，呈现时间性动态变化，呈现环境性波动，因社会需求量及教育设置而变化、更替。显露局限性教育效应，是教育与环境、教育与社会需求不吻合，是教育改革的预警、提示、发展契机。

一、广西中等职业局限类教育"花盆效应"现象类别

"花盆效应"源于人类对"花盆环境"边界的界定、框定及人类社会行为的局部影响，是促进还是局限，依赖于环境对生物生长作用是否适合、人类行为对花盆中生物生长是否适合。适，则促进；不适，则阻

碍，则成为局限效应。教育亦如此。适合的教育环境，则促进教育发展；不适，则阻滞教育发展，成为教育局限"花盆"，出现局限"花盆效应"现象。中等职业教育"花盆效应"局限现象，大环境上的局限主要来自政策性环境、社会发展性环境、生源性环境、师资状况与发展。小环境、微环境源于学校教育教学管理的制度、模式、资源利用等。

（一）政策性局限性"花盆效应"

政策调控是上层建筑对社会发展进行的宏观调控。在一定时期内，政策是相对稳定的。计划经济时代，政策的稳定时间较长，市场经济时代，受市场发展影响，政策为了适应对市场经济的宏观调控，更替修订频率相对快，政策条目细化程度较高，对行业的指引、调控力度大小与行业性质、重要性、影响力、市场走向、频率相关。政策的相对稳定性、政策更替发展性、政策的广适性、政策的政治性、政策的约束性是政策的典型特征。对于行业，政策的促进性和局限性是辩证存在的。教育作为一个行业，政策的指令调控尤其突出，职业教育也不例外。如何在政策指令调控下"活色生香"，是职业教育对政策的"活"用与对政策局限性的"破"冰。虽然职业教育也受社会行业发展的指引与调控，但行业出现和发展能否成为一个专业纳入教育体系或何时纳入教育体系，则与国家教育政策及当地教育顶层设置有关，也与行业发展壮大，社会需求程度有关。任何一个专业申报、设立、运行，都在当地教育政策引导与调控之下。

（二）社会发展性环境局限性"花盆效应"

社会、时代的车轮，总是往前驱动。任何一个行业，社会需要程度及内容，都随着时代之轮，不断发展变化。行业退出社会需求舞台，不是行业已经不被需要了，而是行业内容、形式、结构等跟不上时代需求被淘汰、被替换或改变模式，可替代性的行业、变更后的模式占据被淘汰行业的空间与位置。据此，社会经济大环境、区域环境大趋向的需求，是中等职业教育改革与蜕变的内容与方向。大环境、区域环境容纳量、需求量则是中等职业教育发展兴衰的关键。由此引发的，是中等职业教育社会发展性环境的局限性"花盆效应",跟随大环境、区域环境容纳量、需求量的波动、变动呈不规则的变化。社会需求增大时,中等职业教育相关专业"花盆效应"促进效应上升;社会需求萎缩变换时,中等职业教育相关专业"花盆效应"局限性效应增大。

(三) 生源性环境局限性"花盆效应"

生源性环境局限性"花盆效应",指因为学生来源的素质、数量环境而造成的中等职业教育教学质量、生存等的局限性效应。

生源质、量一直以来被很多中等职业学校冠予"生存命脉"之名,虽不确切,却点出了许多中等职业学校生存理念、对生源量的依赖及其对学校生存的影响。深究,窃以为中等职业学校生存命脉,应是人才质量,是社会亟需与否,是否是行业、企业必需,社会供求是否平衡,是学校专业发展是否始终紧跟社会发展需求的脚步。但生源量短时间内直接决定专业的设置、存留与发展,各种评估、验收、建设等均将专业在校生数作为硬件性指标之一,促生了生源量成为中等职业学校不得不重视之"殇"。"皮之不附,毛安存焉",生源量之皮,附于社会、专家、民众对职业专业的认知与认可的短时效应上;一个专业是否兴盛,决定于该专业社会回报率有多高、社会认同度有多高,民众眼中"有前途""热门"的职业与专业相关度多高,是目前大多数中等职业学校对中等职业学校生存的认知、事实,也架构了"职业热度效应",即职业社会需求及社会回报效益持续上涨引发的对职业就业的推高效应。"职业热度效应"是生源局限效应的一种典型类型。这样的认知没有错,却没有抓住中等职业教育社会生存的本质。专业社会需求发展决定了专业的存留,中等职业学校将专业社会需求发展纳入学校专业发展研究计划与实施,才是中等职业学校的"生存命脉"。最近10~20年农业类专业、计算机专业、电子专业等专业的兴衰史是前车之鉴,汽车专业、电商专业、学前专业等会否步后尘?有多少中等职业学校传统专业能撑住学生少,无法通过评估、验收、生存等压力,以质为标坚持走优质之路?生源性环境局限性"花盆效应"在如许社会大环境下产生并逐渐影响甚至主导中等职业教育方向,是必然的、可预见却易于忽略的,需要全社会参与改革及导向。

生源性局限性"花盆效应"与生源地人口量、出生率、当地教育水平与程度、当地办学状况等相关，当地人口少，出生率低，当地教育水平落后，受教育程度、文化程度偏低，当年毕业生源量低，在中考分流之后，能流向中等职业学校的学生数量肯定少。

生源性"花盆"局限性效应，不可忽略竞争性效应。广西实施职业教育攻坚，要求在原有职业学校基础上每个县须建设一所职教中心，本就僧多粥少的中等职业教育生源量，竞争更是"白热化"。生源抢夺中"八仙过海各显神通"，也产生了一些乱象，生源性局限性"花盆效应"曾出现放大现象，如出现过中等职业学校给予送生中学奖励现象，后被叫停。

（四）师资状况与发展局限效应

学生与教师的比例大，教师素质、技能有待提升，师资结构有待优化等，是目前中等职业教育师资总体情况。

根据广西壮族自治区人大常委会调研组 2016 年 8 月 19 日的《关于我区职业教育发展情况的调研报告》，2015 年全国中等职业学校生师比为 20.47∶1，广西中等职业学校的生师比为 36.5∶1；广西中等职业学校"双师"型教师比例为 38%，与广西职业教育发展文件提出的"双师"型教师占专业教师比例达到 60% 的要求差距较大。中等职业学校专任教师同比减少 266 人，降幅为 1.30%，教职工同比减少 742 人，降幅 2.63%。我区师资数量明显不足，师资结构优化有待提高，专业教师"流入"渠道不畅，缺乏高技能教师[1]。职后师资能力提升渠道不足不畅，师资带来的中等职业教育局限效应，会随着师资力量的变化而变化，会随着师资力量的下降而放大。

二、广西中等职业局限类教育"花盆效应"现象各类别的功能

事物的辩证性，使任何事物的存在与发展产生的功效，都存在辩证

---

[1] 关于我区职业教育发展情况的调研报告.自治区人大常委会调研组.常委会公报（http://www.gxrd.gov.cn）2016.08.19.

的两面性。

广西中等职业教育局限类教育"花盆效应"现象各类别的功能，是促进还是局限，是参照体与对象选取偏向问题。政策之于中等职业教育，时间段内局部局限、阻滞，偏离于中等职业教育本身期冀的目标，则为局限性效应。

（一）政策性局限性"花盆效应"功能

中等职业教育政策性局限性"花盆效应"，指政策对中等职业教育本身某一个时期某一方面的阻滞作用明显大于促进作用的现象。市场经济下，政策本身的功能，是关键时期调节控制、导向，利于社会发展则促进调控，不利于社会发展稳定，则限制调控。调控有自发调控和强制调控。市场经济下，自发调控为主，指导性调控辅助，强制调控少有，但存在。如广西壮族自治区目前正在做的中等职业学校专业结构优化，强制性调控教育资源利用，整合优势资源，以更利于职业教育整体发展和大局发展。政策调控主要控制教育的方向，满足社会发展、民众教育需要。

1. 导向及特色自设、自调功能

政策的导向，关注的是国计民生，是民众刚需，是大局稳定，不具体到行业具体发展深度、广度。行业的发展，是众目之下，如何利用发展政策的导向，是行业软实力大小的体现。对于中等职业教育，政策的导向是高、大、上的，也是充满潜力和机遇的。抓住政策的机遇和潜力，就走在了职业教育行业的前列，此时政策"花盆效应"于中等职业校属于正向效应明显，走向高峰值。走在政策机遇社会化之后的，政策的调控就出现低峰值与低潮的局限效应。

在计划经济时代，行业创业和发展是计划性的，教育是计划性的，中等职业教育也是计划性的。行业的发展处于政策计划控制限定下，教育只要满足行业发展计划需要就好，不存在不在政策计划内的行业，中等职业教育匹配当时的计划是当时社会发展需要。

在进入市场经济时代，市场的指挥棒是"需求"，一切社会民众需要的"需求"存在，都是合理的。是否成为职业教育专业，在于市场需求量及持续时间和社会供需满足度。政策在市场经济下，主要是对满足需求作大方向上的导向，不像计划经济时代的具体控制。例如，当计算机应用成为社会发展刚需时，政治上允许计算机应用专业入行入市，但计算机应用专业各具体专业及应用领域辉煌多久，在哪个层次存在时间更长，如何发展更迭，何时作为专业衰退，却不是市场经济下政策调控的内容，与计划经济有本质上的区别。基于此种种，市场经济时代，政策性"花盆效应"的导向功能一定时期内依旧明显，调控功能较计划经济时代的弱，跟随着市场需求沉浮涨落，出现调控的短时期的高峰峰尖期，然后逐渐回落。

由此可见，政策导向局限的显现，本质是职业教育自身软实力的局限。政策大方向既定，小方向、特色方向自设自创自由发挥，软实力起决定性作用。目前，广西中等职业教育思维，大部分依旧停留在计划经济时代思维模式，等待政策扶持，局限效应必定更显著。

2. 优胜劣汰，发展调控功能

在计划经济时代，行业发展规模在计划中，行业人才需求类别、数量在计划中，人才流向在计划中。教育为计划经济服务，生源流向、数量须按计划指令完成，"一个萝卜一个坑"，超量或空缺，人才没办法安置到行业岗位上或造成岗位工作紧缺人才，都违反政策指令，简单说，政策需要，是计划经济时代行业和教育发展的"命脉"。市场经济时代，社会需要才是行业和教育发展的根本。

社会需求有时间性、供求性。供不应求时，行业兴盛，供大于求时，行业回落或衰退。政策服务于大众需要和社会稳定，是宏观大局普适的，与职业教育直接服务于行业，以行业发展为风向标不一样。在某一个技能、产品、人才成为社会刚需，是普遍性需要时，政策倾向于赋予其生存发展便利、空间，满足社会需求。职业教育可以不跟随这一需求大力推进这一专业的发展，而是寻求这一专业发展极限后的可持续发展，也即是常说的职业教育应该追求的是前瞻性的专业、职业发展，这是职业教育长盛不衰的法宝。现阶段的职业教育仅有高等职业教育有目标、有意识、有前瞻性地考虑专业的可持续发展问题，较快地跟上职业行业发展。因此，行业政策导向和调控下，在调控的当年以及前后几年，教育某些专业出现发展峰值，如果很快市场就饱和或专业技能成为普遍素质时，就易出现政策短时变动，专业也随之变动，出现波动局限效应。就如广西在党的十九大之前10年职业教育攻坚，职教兴盛，在党的十九大以后，普通高中教育成了民众对教育的刚性需求，普通高中兴建成了高潮，职业教育出现政策引导下的局限效应。

（二）广西中等职业教育社会发展性局限性功能

职业教育的发展，社会环境不可忽视，当地产业环境及区域产业环境保护不可忽视。放眼世界，哪个国家、哪个地区产业兴，那个地方的职业教育必定兴——德国制造业发达，德国"双元制"职业教育走在世界前列；新加坡各种企业世界闻名，新加坡引企入校、校企合作职业教育模式成为世界职业教育校企合作典范。社会于职业教育，是激励还是障碍，在于社会发展性功用。

1. 社会选择功能

职业教育设置的专业以及专业教学的知识技能，一定是社会选择的需要的，至少也应当考虑当地行业选择需要或周边省市行业所选择和需要的。需要量大，供小于求时，职业教育处于发展的上升阶段；供大于求时，职业教育进入发展的衰退阶段，会否退出市场，取决于职业教育是否有行业需要的新技术、新发展方向，且新技术新方向是社会必需的。社会发展性局限选择功能，问题还在于职业教育的软实力与前瞻眼光上。

2. 社会摒弃功能

社会是人工生态系统，是生态系统的组成部分，生态系统最基本的规律就是选择性淘汰，即摒弃功能。系统选择法则是生物进化过程中形成的，有名的"丛林法则""狼性法则"其实是系统的选择法则的摒弃功能——适者生存，不适者被淘汰。教育也是如此，近十年中等职业教育专业变迁频频，正是这一功能的写照、诠释。中等职业院校不可能避开这一生态规律的作用，只能是利用一切可利用条件、资源、实力尽可能将其局限效应降至最低,伤害降至最小,就是成功了。

3. 社会容留功能

社会对职业的选择与摒弃,与职业的社会功能息息相关。生活必需行业,在高峰期后归于平稳,但必定不会消失。如农业,只换了社会、需求的形式,以不同的发展水平存立于世界——从粮食、农产品产量刚需到质量的追求,从质量的选择到品质的赏识追逐,从生存为目标到以生存质量为目标,是质的飞跃,是需求的改变,但农业从未离开市场。职业教育专业容留局限由专业必需程度主宰,人为阻止只能拉长容留时间或减缓消失速度,但毕竟也能让专业生存日久。

(三)广西中等职业教育生源性环境局限性"花盆效应"功能

区域大环境的改变,常导致相关联的生源数量、质量、流量等的改变,相应的量变、质变功能也因此而显现。量变与质变互相依存,互相影响。

1. 量变功能

如图3所示,广西人口数量在"十二五"期间持上升态势,意味着中等职业教育生源可争取来源量是上升的,但实际获得或争取到的生源量有些地方是升势,有些地方是降势。据《广西壮族自治区人民政府关于印发广西人口发展规划(2016—2030年)的通知》(桂政发〔2017〕24号)数据[1],"十二五"期间,广西普通高中毛升学率是上升的,与中等职业学校存在着生源竞争性。

环境产生生源量变功能,影响中等职业教育规模发展,局限中等职业教育规模化发展速度。以钦州市为例,钦州市2012—2018年中考生数量及就读中等职业学校学生数量情况图,如图4所示。在生源量上涨时,钦州市的中等职业学校就读生数量也在变,是持续上涨的量变;但2018年,中考生源上涨了,中等职业学生就读数量并未与前几年一样继续上涨,反而下降,钦州市中等职业教育只完成自治区教育厅任务的

---

[1] 来源:《广西壮族自治区人民政府关于印发广西人口发展规划(2016—2030年)的通知》(桂政发〔2017〕24号)。

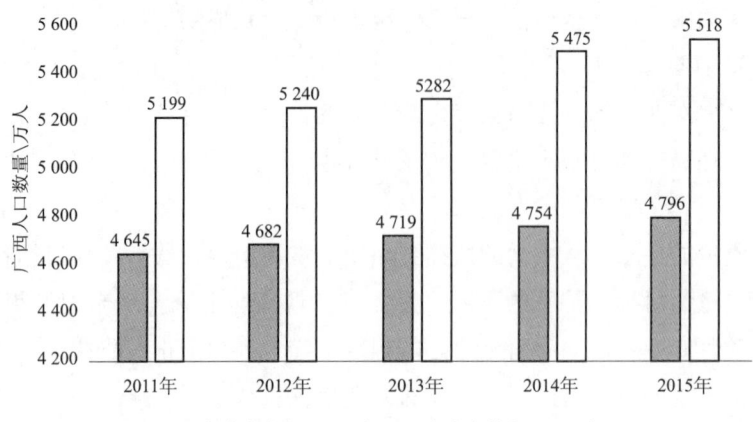

图3 广西"十二五"期间人口发展统计图

92%[1]。而实际就读普通高中学生数量一直稳定上升。与华经情报网统计的全国2010—2017年中等职业学校在校学生的数据比较，钦州市的情况在这一时间段内，都是涨幅。由此可见，环境生源量变及地域环境社会心理选择效应明显。

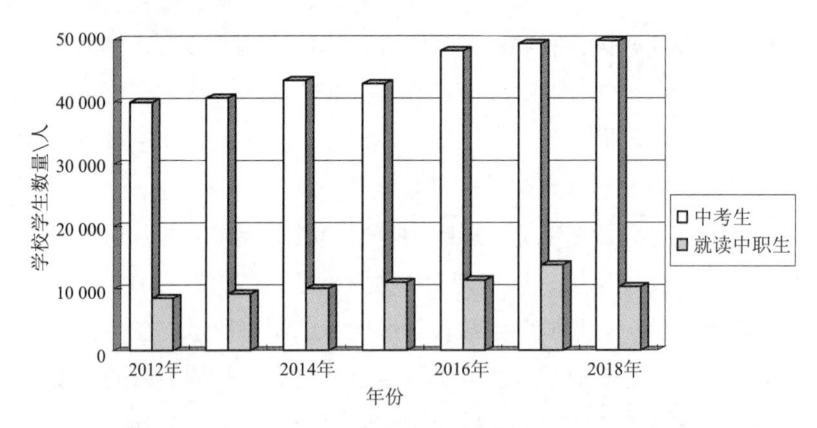

图4 钦州市2012—2018年中考考生数量与就读中等职业学校学生数量

---

[1] 自治区教育厅办公室关于截至2018年11月9日全区中等职业学校招生进展情况的通报，广西壮族自治区教育厅. 桂教办通报〔2018〕16号, 2018, 11, 13.

2. 质变功能

中等职业教育在四年制学制时代,招生以高中毕业生为主;大学招生并轨后,流向中等职业学校的生源量大量减少,中等职业学校的生源,渐渐以初中毕业生为主,还划定入学分数线。2000 年开始,中等职业学校生源,变为入学无中考成绩门槛的初中毕业生,这是生源文化素质质变的开端,然后是每况愈下。归根到底,生源素质质变,是生源大环境量与质协同变化的结果。高中教育的量变,导致中等职业教育的量变和衍生的质变,是社会大环境在发展变化中的不可抗力,有政策导向,有社会需求导向,有行业发展导向。变中求生存,是行业发展必需的,教育不可独存。

3. 社会人功能

生源素质水平,决定了教育的模式、水平、目标。目前广西中等职业教育履行的,更多的是社会人教育功能,职业教育的本质在淡化、边缘化。为了稳定教学秩序,职业教育中有"只要学生不搞事就行"论调,行业专家学者提出"在玩中学,在学中玩",以适应或迎合目前中等职业教育生源素质水平。教师管理交流中,"先教会学生做人,再做学问"的社会人功能提的频率较高,认同率也高。这不背离职业教育本质,只是主导功能变换更替,社会人功能强于职业人功能。

(四) 师资状况与发展局限效应功能

师资力量对教学水平的影响,以上海、江苏、广东等中等职业教育发达省份以各种优惠条件引进师资可略见一斑。师资力量、师资水平所产生或衍生的功能,对职业教育水平有至关重要的影响。在不同的环境下,这种影响可体现为以下功能。

1. 放大功能

师资力量对教育水平的放大功能,可能是正向放大,也可能是负向放大。正如广西机电职业技术学院蒋文沛副院长在第二课堂创新群里跟大家比较不同学校里的专业介绍时举的例子:同是职业学校,同是计算机专业,在学校新生入学时由专业带头人介绍专业情况、参观学校专业设施及建设情况,专业教师带新生进行了一个星期的网络公司见习。而师资配备不足的职业学校,新生入学时,专业教师只给学生做了专业介绍,参观本校专业设施。这种现象常见,对第一个学校,师资力量的放大功能效应就是正向的,让学生觉得学校实力强大,师资力量雄厚,社会资源丰富,能学到东西,会大力地向自己的同学朋友推荐。对于第二类学校,放大的功能就是负向的,让学生觉得学校师资设备不足,可能教学也不好,要提醒同学或朋友不要选择。例如,上面所提的广西中等职业教育生师比,当生师比例远大于国家规定比例,师资严重不足,易引发教师疲累甚至产生职业倦怠。例如,有些学校有些专业,一个专业老师教授本专业6门课程,每周24课时甚至28课时,试问教师有多少时间和精力投入去研究和思考教学方法,反思教学得失、创新教学模式?

2. 循环传播功能

学校,看似像军营,"铁打的营盘流水的兵",学生像士兵一样,不断地更换。实际上,军营和学校还不一样,士兵退役后对下一批新兵没有太大的影响,范围太广,相聚相见的机会不多。学生却是与学长、学姐、同学、校友联系颇多,对学校、对教师的评价一届一届往下流传,循环往复。"好事不出门,坏事传千里!"学生之间的闲聊,正向评价流传不广泛,负面信息却流传迅速。因此,不得学生青睐的师资,在这种循环传播功能之下,负面影响、破坏力远超我们的预想。

3. 同化功能

师资力量水平的同化功能;一是显现于教师身上;二是显现于学生身上。是提升作用的同化还是局限作用的同化,与师资力量、水平能否满足需要有关。

当师资力量充沛时,教师之间是竞争性的,存在着优胜劣汰,师资水平自觉提升就易获得竞争性优化同化;当师资力量不足甚至严重不足时,教师之间因精力、时间等的不足,出现工作量超负荷,出现工作推诿,责任推卸现象,是负能量的同化。师资力量充足时,对于学生的教育投入会明显加大,时间、技能训练、培育、管理等方面投入都不同程度增加，学生心理上产生教师、学校负责心理上的认同，不管出于监管更到位还是对教师教学的认同，学生学习的情绪、态度正能量更大，正能量易被传递，同化更多身边的人。相反，师资力量匮乏时，教师投入于教学管理的精力减弱，对学生热情缺乏，管理态度、教学都受影响，并且感染同化学生，学生之间的负面议论传播，负面同化功能被放大。

三、广西中等职业局限类教育"花盆效应"现象各类别的效应

中等职业教育"花盆效应"类别随着效应产生环境变化而变动，典型的、特色的、对职业教育产生明显效应的，容易被归纳研究并解决应用；不典型、特色不显著，影响效应不足以刺激研究的，将湮没于教育发展长河中。

根据多年职业教育经历与观察，广西中等职业教育局限类教育"花盆效应"各类别均有其典型特色效应。

（一）政策性局限性"花盆效应"

政策影响而引起的局限性"花盆效应"称为政策局限性"花盆效应"。

1. "昙花峰"效应

教育出现短时发展高峰后，发展速度下降甚至于退出的现象，类似于昙花开花时间一样，出现在夜间一两小时就凋谢。与计划经济时代的平稳发展比较，市场经济下的这种教育现象，谓之"昙花峰"，其所产生的连带效应称为"昙花峰"效应。昙花峰效应产生的根本，是教育逐利的产物。所有的职业教育围绕这一高峰计谋层出，互相模仿互相竞争，争相在同一专业设置中获取更大利益、生存空间。这样的竞争，部分职业院校获利，出现短时昙花峰。部分职业院校竞争力低，没有出现昙花峰效应现象。据广西壮族自治区人大常委会调研组2016年8月19日的《关于我区职业教育发展情况的调研报告》，"部分职业学校在专业设置上缺少统筹指导，没有结合当地产业发展设置专业，因而部分专业重复设置和同质化现象比较严重。较多县级中专招生困难，生源数量

不足，生源质量偏低，办学质量和办学效益不高。"[1]报告所指出的现象，是典型的职业教育"昙花峰"效应或"昙花峰"效应衍生物。

2. "特色贫"效应

市场需要是职业教育的指挥棒，但是市场需要不是瞬时筛选机，瞬间将不具备足够资质的学科、专业、学校筛选淘汰掉。市场需要也不是职业发展的"导盲犬"，不能具体地指出或预设什么专业、什么技能是特色的，将是产业、行业必需的，会在什么阶段兴盛。职业教育学校、专业的生存判定，考验的是职业教育软实力中的决策力、前瞻力。职业教育一味地"随波逐流"，将造成职业教育不必要的区域内教育资源过度竞争和不良竞争，同时造成职业教育特色匮乏，专业设置、教育模式、教育手段等千篇一律，形成职业教育"特色贫"效应。广西壮族自治区人大常委会调研组2016年8月19日的《关于我区职业教育发展情况的调研报告》指出，广西壮族自治区职业教育目前是"大众学科泛滥，特色专业不'特'，优势专业不'优'，造成部分专业缺乏吸引力，学校资源闲置。"广西的职业教育出现专业特色严重缺乏，是较为典型的"特色贫"效应。

3. "政变变"效应

政策改变，与政策相关的职业教育，随着政策的改变发生一系列迅速或显著变化，这种效应称为"政变变"效应。

教育政策的改变，势必造成教育系统一系列的变化。变化波及面不广泛、影响力不大时，"政变变"效应如深海海底地震，海面依旧风平浪静。但影响广泛时，可能就会引发教育的"海啸"，引发滔天巨浪。例如，党的十九大提到的将实行高中义务教育，将是职业教育的"海啸"，特别是中等职业教育，"政变变"效应局限效应，将是"巨无霸"，从教育资源、教育理念、教育模式等到教育管理都需要优化、整合、提升。

---

[1] 关于我区职业教育发展情况的调研报告. 自治区人大常委会调研组. 常委会公报（http://www.gxrd.gov.cn）2016.08.19.

（二）社会发展性局限性效应

1. 依赖效应

从广西壮族自治区人大常委会调研组 2016 年 8 月 19 日的《关于我区职业教育发展情况的调研报告》看，广西职业教育专业设置对政策指导调控依赖性较强，没有根据学校所在地方、学校自身发展需要进行专业调整与设置，造成专业设置重复率高，资源抢夺现象严重。从建国至 1999 年，我国的中等职业教育都是计划性教育，社会发展核心力量——市场经济的介入少，中等职业教育受市场经济的冲击不足，沿袭多年的计划教育思维，禁锢了市场教育思维，多年的思维定势，不可能十天半个月就能突破。许多职业教育院校，依然存在着等待政策给予教育红利，出现职业教育发展性的等待、依赖效应，是为职业教育"依赖症"。主动寻求方法，开辟蹊径，闯出职业教育先河的学校，不是没有，只是凤毛麟角。

2. "重管理，轻劳动"心理导向效应

工作、工种的性质差异，薪资待遇的差别，让社会对职业教育特别是中等职业教育存在着偏见，普遍认为在管理层的人社会地位更高，对于基层劳动者不重视。每一个家长都希望自己的孩子能上普通高中上大学，凭着大学找一份管理层岗位工作，觉得孩子上中专，前途晦暗，一辈子都是打工命。社会用工也存在着偏见，在招聘上动不动列上大专以上、本科以上文凭，不管岗位是否需要。网络上曾有一个颇具讽刺的笑话，说现在社会用工，扫厕所的大妈都要研究生学历。尽管这个笑话仅是个笑话，不能说明什么问题，但是也从一个侧面反映了社会发展过程中社会行业对于教育的不正常导向。在广西，这种导向影响力显著，许多家长明知自己孩子的知识底子薄弱，甚至于中考满分 800 分，学生只考得 100 多分，依然让孩子读了普通高中。问及对于孩子中考只有 100 多分依然让孩子读高中，家长认为没选择错，因为"读中专没出息，找不到好单位"。

（三）广西中等职业教育生源性环境局限性"花盆效应"

社会人口出生率对中等职业教育生源数量影响不可置疑，但不是铁律。社会人口素质、知识层次尤其是社会教育、工作价值观，对中等职业教育选择、就读率有律可循，且影响就读后的学习行为、态度。由此可知，如果是逐年低出生率或民众对中等职业教育价值认同低，生源来源就同比降低。

1. 人口选择效应——浮底

一种环境、现象或事物，因环境、其他相关事件、突发状况等的改变、出现，将其隐性的、潜藏的或本质的特征、成分、信息等暴露，称之为浮底。中等职业教育在大学并轨、高中教育分流、社会用人选择等的冲击后，中等职业学校学生生源性文化素养对教育的负面影响、局限性频频浮现，对中等职业学校教育、管理甚至于发展，都有重大的影响。

据广西壮族自治区人民政府《关于印发广西人口发展规划（2016—2030年）的通知》（桂政发〔2017〕24号）数据，"十二五"时期，全区累计出生人口364万人，年均人口自然增长率为7.86‰，高中阶段毛入学率达到87.3%。在统计中，出生率在增，但高中阶段毛入学率也在增。虽然很多这种统计也将中等职业教育纳入，但是事实是普通高中阶段生源增量大于中等职业教育增量，没有达到1∶1[1]。人口增量不是教育选择的主因，人口素质及人口教育观才是人口选择的关键因素。普遍现象是家庭文化素质高的，学生的文化素养相对高，上高中分数线的概率高，没有多少个上了普通高中分数线的学生和家长会选择中等职业教育。而家庭文化教育程度低的，孩子的教育易出现教育缺失，造成孩子文化素质偏低，上不了普通高中的线，只能选择中等职业教育。这就是典型的生源人口素质效应，导致中等职业学校生源性"浮底"效应，学生文化知识基础薄。

2. 价值评价效应——"发展荒"成长局限效应

社会用工普遍以学历为尊的现象是对教育价值的一种有失偏颇的评价。这种价值观、评价观一定程度上造成教育评价效应社会偏离。社会

---

[1]《广西壮族自治区人民政府关于印发广西人口发展规划（2016—2030年）的通知》（桂政发〔2017〕24号）。

形成"重管理轻劳动"不理性的人才价值理念。因此,"中专无用论"漫延社会及在校学生。既然无用,家长又疲于管束,家长多抱"关在学校多养两年,养大点"的心理,送甚至于逼迫学生就读中等职业学校。学生沿袭中学养成的"玩""乐"习惯,继续玩乐,忽视自己的成长需要。家长和社会看不到读中专以后学生更深层次的发展前景、可能性,中等职业教育在社会和家长眼中是被放弃的教育,是拘着学生不让学生学坏的所在——有人戏称为编外"少管所"。在中等职业教育与高等职业教育衔接政策出台实施后,特别是看到读了中等职业学校毕业后能升入大学本科、专科学习实例后,这种看法有所改观。但已经形成的"读中专后再很难提升,没有发展前景"的无路之荒,是职业教育价值观引发的成长"发展荒",造成读中等职业学校之前素质底子引发的"发展荒"——底子薄,更高、更深入的发展缺乏文化底蕴。因此,中等职业教育与高等职业教育开通直通车后,高等教育在接受了中等职业教育直升生源后,出现教育素质影响教育深化的难题,出现了中、高职教育衔接素质阻断现象。而不升学的中等职业学校毕业生,本质上,因基础知识底子薄及中等职业教育近年社会导向只要动手不要理论的教学模式,偏离了强技能本身,也造成了学生就业后职业发展无路之荒,什么都不会,什么都不懂,在校时那点模仿性操作早已出局。这也是典型的中等职业学校教育成长"发展荒"。

3. 生源性退行效应

"留守儿童""单亲家庭""孤儿"造成的家庭教育缺失、"小太阳"成长史、"隔代亲"等成长教育,使一部分孩子成长过程中不喜欢动脑,面对问题困难时退却逃避,遇事得过且过,形成"鸵鸟效应"或心理学上的生理与心理不同步,行为退行现象,此称为生源性退行。

学生的生源性退行行为,具备传染性,对学风影响巨大。一个班上开始有三五个,如果不能及时发现进行引导改变,行为加剧的同时,带动了更多一批人。目前,中等职业学校中比较典型的是布置作业时,学生向教师要求,题目答案内容可以从书上找到,可以抄书上的;做作业时等到最后时刻抄同学的;技能操作时只做示范过的,需要思考的都不会;考试必须是练习过的,换个同类型的题目那就是"考的都是没见过的"。这样的行为效应毕业后典型的无法适应社会行业需要,更难适应创新性、创造性工作。一部分学生意识到了就在岗位上从"零"开始,边学、边工作;部分学生干脆放弃,缩回家中啃老,退行成了"巨婴",让父母养着。

(四)师资状况与发展局限效应

广西壮族自治区人大常委会调研组 2016 年 8 月 19 日《关于我区职业教育发展情况的调研报告》提出,广西壮族自治区职业教育存在的问题包括:职教师资质量有待提高,职业院校教师队伍数量不足,职业院校教师队伍结构有待优化,专业教师"流入"渠道不畅,高技能教师缺乏,教师待遇和激励机制缺乏吸引力[1]。2015 年,中等职业学校专任教师同比减少 266 人,降幅为 1.30%;教职工同比减少 742 人,降幅 2.63%。其中,专业教师"流入"渠道不畅、高技能教师缺乏是行业师资来源的"空""虚""穷"。因为行业师资来源的"空""虚""穷"所产生的专业职业知识技能滞后、专业职业知识技能传授泛泛、教学与社会实际需要脱节等效应,职业教育发展局限因此而放大,职业教育发展也因此而受到阻碍。

四、广西中等职业局限类教育"花盆效应"现象各类别实例评析

(一)政策性局限性"花盆效应"

1. 广西中等职业教育"特色贫""昙花峰""政变变"政策性局限性"花盆效应"与实例评析

继国家制定的《国务院关于大力推进职业教育改革与发展的决定》《国务院关于大力发展职业教育的决定》政策后,广西大力推行职业教

---

[1] 关于我区职业教育发展情况的调研报告. 自治区人大常委会调研组. 常委会公报(http://www.gxrd.gov.cn)2016.08.19.

育攻坚，制定了《关于全面实施职业教育攻坚的决定》（桂发〔2007〕32号）、《广西壮族自治区中长期教育改革和发展规划纲要（2010—2020年）》、《广西壮族自治区现代职业教育体系建设规划（2015—2020年)》、《职业教育国际合作工程实施方案》（2015）、《开展"一带一路"教育行动国际合作备忘录》（2016）等一系列的职业教育政策。连续多年的职业教育攻坚，各职业院校有一段时期的兴盛，主要体现在各职业院校就读学生爆满，打破了大学招生并轨后职业院校特别是中等职业学校发展趋势走低局面。这种短时间的兴盛，在国家制定了《国务院关于建立健全普通本科高校高等职业学校和中等职业学校家庭经济困难学生资助政策体系的意见》（国发〔2007〕13号）、《职业学校国家助学金管理暂行办法》（财教〔2007〕84号）政策后，在职业攻坚的助推下，有了两个时段性峰期。但政策的倾斜并不是职业教育吸引力的关键，社会需要才是职业教育"花盆效应"的硬伤。政策性"花盆效应"典型时效性效应，成为政策性"花盆效应"的局限效应之一。政策是"广谱"的，广泛适应于大环境大需要，不是针对特色性的，对于不同区域经济社会环境下的中等职业学校，推动性会出现短时高峰，然后峰值下降。政策的这种"公共"性、"共享"性，在不善于发挥优势看到特色的职业学校或地区，易形成职业教育"特色贫""昙花峰"效应局限。即中等职业教育完全跟着政策时效指挥棒走，忽略学校、地方特色长远发展，出现如昙花一现一般的"职业教育的春天"的"昙花峰"。"特色贫""昙花峰"局限效应在职业教育办学竞争大的地区尤为显著。政策的更替发展性对政策影响下的"特色贫""昙花峰"局限有一定的解除作用，如中等职业学校生源数量在当地职业教育攻坚政策的影响下出现的"昙花峰"效应，在党的十九大上李克强总理讲话提到逐步普及高中阶段义务教育后，中等职业学校生源数量的"峰"值快速下降，普通高中招生的数额显著上升，呈现政策性"政变变"局限效应，因政策的改变马上显露变化的效应。

据钦州市教育信息网数据，2018年，钦州市初中毕业生49 000多人，原普高招生计划20 900人，但实际招生24 000多人；2017年，钦州初中毕业生总数50 027人，原普高计划招生也是19 500人，实际招生20 000多人。政策"政变变"效应，比较显著。

广西中等职业学校教育的"特色贫"，使职业教育吸引力走向"零"的方向。中等职业教育在"政变变"环境下，随着政策的变动而动荡，没有使职业教育在任何大环境下都矗立的可持续发展模式、策略，没有一根"定海神针"或"中流砥柱"，职业教育被动地"随波逐流"；随社会发展需要的大浪潮，逐职业教育政策宏观调控的波，流成职业教育发展艰难的"殇"。这不只是广西职业教育的"殇"，而是全国普遍性的职业教育之"殇"。只有不等待政策，在政策框架下充分利用、拓展利用政策，才是前瞻性的职业发展眼光。例如，江苏省的中等职业教育即将被高等职业教育所取代，但是他们试验探索的职业教育发展模式，主动应用政策，借鉴了"双元制"，还存在着"教学工厂"的影子，不失为寻找"中流砥柱"的有识之举。他们的探索，有破"特色贫""政变变"的功效却在政策的框架下，这样的尝试，依然难杜绝"昙花峰"现象，但已经较好地延长了"昙花峰"时长。

2. 广西中等职业教育社会发展性行业环境"依赖症"局限性"花盆效应"与实例评析

社会发展总有一些行业因林林总总的原因退出市场、发生型变或质变，也有一些行业因社会发展需要而萌生或异军突起，跟得上社会发展步伐的行业，一般会带动相关行业快速发展兴盛。被社会发展所淘汰的，相关专业产业也逐渐衰落谢幕。教育，本就是社会发展的产物，生态学的"适者生存，不适者被淘汰"一样是教育遵循的规律。中等职业教育作为教育的组成部分，专业兴衰更替，是"适者生存，不适者被淘汰"规律的诠释。目前，中等职业教育大多数专业设置是跟着行业兴盛和社会需要的指挥棒走，这些毋庸置疑，该质疑的是走在指挥棒前还在指挥棒后。前，则是王者，有前瞻性，是"罕见种"。专业发展在行业的指挥棒下如果没能走出自己的特色与路子，拓展就业方向，就成了与行业"同甘苦共患难"的"难兄难弟"，同兴盛共衰亡，是为中等职业教育发展性"依赖症"，是职业教育常态，令职业教育专业浮动率增加，在市场调控下，中等职业教育症状更显著、更剧烈。

广西中等职业教育专业行业"依赖症"在计算机专业、农业类专业、汽车专业等专业设置与发展中尤其明显。21世纪初始，计算机还是高端商品，刚展现行业运用优势时，计算机专业应运而生，各行业紧缺熟悉计算机应用人才。不只是职业院校，社会培训机构都加入计算机应用人才培养的大军中，大街小巷都有计算机各模块培训广告、培训机构。20年过去，计算机办公应用成了人才综合素养必备基础条件，计算机进入城乡寻常百姓家，计算机专业应用需要往高端设计、网络新技术、新媒体开发等方向拓展才能满足专业需要，中等职业学校师资资源、学生素养、技术团队等都不具备涉足这些专业教学，基础应用吸引力不足，专业逐渐萎缩。例如，广西很多职业学校，计算机专业办学巅峰年份专业班级每个年级至少达6个班，衰减后很多基本维持2个班，有些甚至于无法达到自治区教育厅规定专业开设人数。

例如，汽车专业，在汽车成为家家户户生活设备后，汽车运用与维修成了热门专业，成了民众眼中的朝阳专业，男生就读中等职业学校首选就是汽车运用与维修专业，有些学生还非这个专业不读，一个学校满额了就找另一学校。2014—2015年，广西各中等职业学校开设有汽车运用与维修专业的，招生量基本上都是学生数最多的专业，许多学校班级设置多达十几个、二十几个班，例如，广西机电工程学校，少的也接近10个班。例如，广西钦州农业学校。2015年，广西钦州农业学校汽车运用与维修专业7个班，农业机械应用与维修专业汽车方向2个班，共9个班。汽车不是生活必需品，在其他交通工具便利的条件下，交通拥堵、停车难、环保新规定等限制条件增多后，这个专业虽然还有比较长的兴盛时间，如果不拓展方向，也终将重蹈计算机专业的路。

（二）广西中等职业教育生源性环境局限性"花盆效应"

生源性环境局限性"花盆效应"，影响的是专业生源的分流，影响生源学习心理，影响中等职业教育实效，影响学生发展性基础的夯实，且易形成生源性教学管理的恶性循环。

1. 生源性"浮底"教学管理局限效应

生源性环境局限效应在中等职业学校教学、管理和就业中都很典型，局限效应类别、结构种类多，影响广泛。不只是广西，目前全国中等职业学校大环境生源来源都是"上不了高中"而分流到中等职业学校来的，意味着生源知识基础底子薄。像广西钦州市2018年初中毕业升高中考试，满分为800分，普通高中最低分数设限是370分，共11门，其中地理生物共60分，体育60分，政治历史共120分。流向中等职业学校的生源理论知识底子以中考看就在369分及以下，平均每科成绩为33.5分。如果学生体育满分，理论知识底子更薄。生源性"浮底"效应，对教学和管理压力加了重磅，增加教学管理难度，也影响学风。

2. 生源性"玩乐""厌弃"心理导致"发展荒"成长局限效应

热爱学习的学生，除了智力障碍和方法问题，成绩都不会很低。用初中毕业这一年龄段人的自我评价，应该是"及格是不成问题的！"只是因为学生已经养成"玩乐"为先心理，对学业已形成"厌弃"心理，在招生和注册过程中学生自己问的问题，更多的是"这个专业好玩吗？难吗？"家长问的问题是："这个专业学些什么？好找工作吗？能赚到钱吗？"生源素质起点本就低，厌学心理作祟，课堂学习态度很受影响。有些学生直接要求"不在教室上课就行""走出校门就行""给高分就行"。真正的事实是，中等职业学校学生正在往句子表达不通顺、错别字普遍、遣词造句词语贫匮、基础计算能力偏低等的方向滑行。20世纪，中等职业学校最自豪的是中等职业学校学生理论上无法跟高职、大学比，但操作技能远胜于他们。我们也自豪于社会用人单位曾流传的"前三年，中专生好用；三年后，大学生好用！"现在的现实是我们的大部分学生模仿性操作很流畅，相似性操作有困难，开创性操作不会，独立工作难行，岗前培训拉长。有学生曾投诉顶岗实习时带岗的工人都不教他怎么做，不会做，跟班主任说不实习了，要回家。生源性"玩乐"心理，生源性"厌学"心理，对学生发展性成长局限性最大，学生将来的发展，面对的将是一片荒原，往哪个方向发展，自己都无一可依的知识、技能，荒凉一片。

3. 生源性"退行"局限效应

心理学上对于应激事件造成的个人行为退至与年龄不相当，甚至于退化至婴幼儿的行为称为"退行"。这是一种应激保护机制，也是一种心理疾病。

中等职业学校学生综合素养、文化素养偏低，有其成长背景。"留守儿童""单亲家庭""孤儿"是其中部分背景因素，也少不了隔代亲、"小太阳"、家庭教育缺失环境因素。教师教学过程中时常有学生的行为与他们的年龄和中等职业学校学生身份不相符，很多时候更像小学生甚至学龄前儿童。学生在学习上受阻，但自身心理发展未相当时，就易出现这种自我应激保护机制。心理成长与年龄同步时，学生会找原因，想办法解决问题，不同步时就做出应激反应。学生的这种应激反应，让学生在学习的道路上越走越偏离，最终会放弃学习。

4. 社会教育环境背景下的"职业热度效应"生源局限效应

心理学比较认同"有什么样的学生，背后一定有什么样的父母"。意思是父母的教育、成长背景，或多或少会形成学生成长路上的教育成长背景，有着家庭的烙印。虽然很多中等职业学校学生自主决定专业的要求很强烈，但很多还是屈从于家庭对专业的选择。这是典型的社会教育环境背景上形成生源"职业热度效应"社会基础。我们很多学生出于家长的要求或同伴选择的引领，选择了热门的专业。理性的学生或家长会分析自己或自己孩子的特点，兴趣爱好，就业与发展前景，选择适合的专业。但是，教育背景让很多家长看不到更远，则传统性地认为不需要考虑孩子的心理需求，父母主导一切。因此，造成所谓的"热门"专业，大家一窝蜂地去挤一个专业，就如目前的汽车专业、学前专业，还有更早之前的计算机专业。在广西，最具代表性的是，一般的家长，如果有人介绍其孩子读涉农专业、农类专业，是会被骂的。常用于拒绝的话是"都是农民出身的，我都干了一辈子农民，你还叫他去学耕田，安的什么心！"我们曾在家里亲戚问及读什么专业时介绍了读农类专业，孩子毕业后就业种种原因不那么称心，都事隔十年了，相聚时依旧被埋怨。

（三）师资状况与发展局限效应

中等职业教育师资发展格局与师资来源、师资继续教育途径、师资稳定性相匹配。科班（含理论与技能）出身师资比例越大，教育水平受师资水平局限度越低；师资继续教育途径越广，继续教育与师资水平发展需要越匹配，教育水平越高，师资教学水平局限性越低；师资稳定率越高，教学水平受师资影响越小。

1. 行业师资来源的"空""虚"效应

在中等职业学校，最缺乏的就是行业实践经验丰富的工匠型师资，国家鼓励职业院校聘请行业企业行家、匠师作为兼职教师。但是，鲜有实至名归的匠师入职职业院校兼职教师行列。每个职业院校能做到的，是行家同意学校挂名，不履行教学任务或作一两次的报告；行业名家真正花落中等职业学校，很多并非时下风生水起的行业，并且聘请名家的中等职业学校需加大投入并给予专家空前的优待。在名家工匠师资来源上，本就"空"，请来后，名家工匠在职业教育上的投入，因其"名"与"匠"，难以如中等职业学校在职教师一样全身心地投入，教学上显"虚"。如某职校请的某行业名家，学校为其建工作室，提供原料，名家只带一两名徒弟，在很必要时才开讲座或展示。对于中等职业学校来说，这是名家效应，对于中等职业学校学生来说，他们务到的不是名家教学的"实"，而是技能、知识的"虚"与"空"。名工匠的知识技能，于中等职业学校的学生，依然是"空中楼阁"，可望而不可即。

2. 专任师资来源"穷"效应

正如广西壮族自治区人大常委会调研组2016年8月19日的《关于我区职业教育发展情况的调研报告》所示，教师待遇和激励机制缺乏吸引力。师资来源受职业教育幸福感、薪资水平、地域、编制、发展前景等因素影响。在薪资水平、编制、发展前景相当的情况下，地域主导着师资来源量。在薪资水平、地域、编制、发展前景相当时，幸福感主导师资来源量。编制是薪资水平、地域、发展前景相当的情况下才起主导作用。大城市、经济发达地区任何阶段的教育师资力量，都是富余的，其他地方的优秀师资资源还源源不断地涌向补充。小地方的师资恰好相反，师资力量都是多年未有新鲜血液注入，原有的师资力量却总在流失。广西中等职业教育师资力量较充沛的城市，首推首府南宁；其次是柳州、桂林；再次是产业发达的城市，例如，玉林、梧州。具体到各职业学校，则看学校所在区位、待遇、发展前景等。例如，广西某学校放到广西职教教改科研群2018年暑假辞职人员统计表，7月与8月辞职的22人中，18人是教师，专业教师5人，教师在人员流失中占81.8%，专业教师流失占教师流失的27.7%。虽然说这不是指所有中等职业学校师资流失是常态，但也可从中窥视一斑。在《关于我区职业教育发展情况的调研报告》也有师资流失统计数据为证，中等职业教育师资流失偏高，专业教师流失率较大。专业师资流失，在资源"花盆效应"显著的中等职业学校，是难题。例如，广西钦州农业学校的汽修、学前专业，专业设施、资源、师资等不如广西机电工程学校、北部湾职业技术学校、合浦师范学校，近几年招生也红火，但入职的专业教师少，对口专业毕业的教师留不住。

第二节 广西中等职业促进类教育"花盆效应"现象实例评析

促进性"花盆效应"指的是一定时间内、一定的内外环境条件下，花盆内植物生长良性发展。此时间段内花盆内、外环境对植物产生的效应，称为促进性"花盆效应"。广西中等职业教育促进类教育"花盆效应"现象指的是一定时期内，广西自治区内、外教育环境条件，对广西中等职业教育发展起促进作用，产生职业教育发展兴盛的现象。

一、广西中等职业促进类教育"花盆效应"现象类别

（一）政策促进效应

21世纪，广西教育大环境是利于中等职业教育发展的。国家层面

上有《国务院关于大力推进职业教育改革与发展的决定》《国务院关于大力发展职业教育的决定》政策；区域环境上有《关于全面实施职业教育攻坚的决定》（桂发〔2007〕32号）、《自治区政府和教育部共建国家民族地区职业教育综合改革试验区实施方案》（2011）政策支持。据不完全统计，在职业教育攻坚以来，广西制定的职业教育相关政策超过10条。这些政策条文很多都有具体的发展目标和任务，不但给予发展的依据，还落实了财政支持、师资补给优惠、生源流向指导等，大大促进了政策当下职业教育发展。

（二）社会发展环境优化效应

近年来，广西高速公路、高铁的快速发展，带动了商业、旅游、文化各方面产业的发展，其中，教育的发展是必定的。虽然是以交通、经济带动教育，不是广西有心插的柳，不是主"枝"主"林"，毕竟柳成荫了。21世纪，广西经济的高速发展，带动的不仅是GDP，带动的还有民生和教育。各种大、中、小型企业的引进，创设了众多的就业岗位，形成一系列的良性循环。例如，企业引进后，就业人口增多，需要更多的职业培训、职业人才；"二胎"政策落地，就业人口迁移造成幼儿教育缺口，亟需幼儿教师，促进了学前教育的蓬勃发展。

（三）工匠榜样效应

全国上下在近几年掀起了工匠热，弘扬大国工匠精神，有效地部分改变社会对中等职业教育的偏见。一个个原来不显山不露水的大国工匠典型，得到真实的彰显。从国家到地方，都在挖掘名师巧匠。大国工匠的人生追求、价值展示、人生现状等，从思想层面上影响甚至改变部分民众的教育价值观、学生的学习观、成就理念，影响改变生源选择、师资匮乏、发展短视等带来的局限效应。

（四）订单效应

教育的最终目标，就是生存与发展。民众选择什么样的教育，本心的选择，倾向于什么样的教育让自己的孩子将来能生存得更好，更有发展前景。民众问得最多的问题是"将来好找工作吗？"中等职业教育兴衰，与这个问题关系密切。"订单教育"回答了民众的问题，满足了民众对孩子将来的期许。订单教育带来的职业教育的红火，需要名符其实给予永盛不衰的承诺，我们也期待着，但也明白这是一个长久的研究课题。这需要学校、企业共同努力，磨合形成利益共同体。

二、广西中等职业促进类教育"花盆效应"现象各类别的功能

（一）政策促进效应功能

国家政府的每一项行业政策，从政策层面，肯定是规范、促进、扶持、禁止等多种功能并存。对于中等职业教育，政策的促进效应功能，更多体现在关键、必要时期的调控与规范。

1. 导向功能

新换盆的花卉，短时间内生长是良好的。这一时期内的"花盆环境"，是促进环境，功能是促进功能。在一定时间后，即使外环境人为施肥管理，对花盆内生物特别是植物，都有一定的限制作用，即新一轮的"花盆局限效应"又在酝酿，职业教育也是如此。在职业教育攻坚后，社会就业理念、地位价值观并未发生根源上的改变，普通高中依然是高中阶段教育的首选，目前职业教育又进入了新一轮发展瓶颈。《职业教育国际合作工程实施方案》（2015）、《开展"一带一路"教育行动国际合作备忘录》（2016）两项政策的发布，给处于发展瓶颈阶段的中等职业教育一个新的方向和启迪。教育的国际化是一直都存在的，中等职业教育国际化，给中等职业教育一个世界那么大的"花盆"，世界中等职业教育资源的共享，会给中等职业教育一个全新的成长面貌。广西壮族自治区教育厅 2018 年 7 月 13 至 15 日举行的《2018 中国—东盟职业教育与教师发展学术论坛》在桂林举行，邀请的嘉宾中就有广西中等职业教育教学名师第二期培养对象。这迈出了中等职业教育国际化的步伐，这本身就是一种导向的态势。

2. 扶持功能

广西自治区人民政府制定了《中等职业教育特定人员学费资助管理

暂行办法》《自治区人民政府中等职业教育奖学金管理暂行办法》《中等职业教育特定专业学生第三年生活费资助管理暂行办法》等政策，是资助困难学生、以教育扶贫方式帮助困难家庭，也是对中等职业教育的扶持，让家庭困难的学生有机会到中等职业学校学一技之长，提高生存能力、质量。《中等职业教育特定专业学生第三年生活费资助管理暂行办法》中规定的特定专业，显著列入农、林、牧、渔类专业，对这些专业学生进行生活资助，是对这些民生意义重大专业的扶持。能否在国家政府政策的扶持下发展壮大，做大做强，则由职业院校自身发展能力水平决定。

3. 调控功能

从1997—2001年，全国中等职业教育学校招生人数从520.77万人降为397.63万人，中等职业教育招生与普通高中招生比从62.5：37.85降到41.8：58.42。教育部制定了《关于积极推进高中阶段教育事业发展若干意见》，为"普高热"降温，实际是用政策对不理智的教育选择进行调控。2001—2007年，是中等职业教育最低迷时间段，一些中等职业学校撑不住生源的短缺，办起了普通高中教育，广西的中等职业教育也在此列。广西中等职业学校招生数量不理想的，几乎都办起了普通高中教育，直到国家干预。其中，国家的《关于积极推进高中阶段教育事业发展若干意见》在起作用，更重要的是当时广西制定了《关于全面实施职业教育攻坚的决定》（桂发〔2007〕32号），使得广西中等职业教育缓了过来，有些"濒临灭绝"的职业学校重焕生机。因政策的调控而重复生机，最典型的是卫生类的中等职业学校。

(二) 社会环境发展优化效应功能

1. 实证功能

眼见为实，耳听为虚。民众只有看到事实真相，才会蜂拥而上。改变中等职业教育花盆环境，给民众以实证，才能坚定民众在高中教育阶段选择中等职业教育的心，特别是稳住文化基础较好，学习较自觉的学生及家长的心。

广西近十年来不断引进大型企业，为广西解决了不少就业岗位，特别是一些需要技能型人才的岗位。如广西100强企业之一的上海通用五菱汽车股份有限公司、中国大唐集团公司广西分公司、中国石油天然气股份有限公司广西石化分公司。引入上海通用汽车的资金与技术，上海通用五菱汽车股份有限公司闯进广西制造业50强前五名，柳州汽车运用与维修也成了柳州中等职业教育"热门"专业。玉林因为广西玉柴机器集团有限公司的存在，让玉林机械、汽车专业鼎盛近十年。这些企业的进驻与存在，给了民众中等职业教育也是就业通途的实证，证实从中等职业教育毕业的薪资，也可以不菲。

2. 赋高期望值功能

社会发展形势大好，孩子就读专业社会需求量高，薪酬不错，这是民众最大的期望与欣慰。民众对专业期望值越高，选择的可能性越大。中粮油脂（钦州）有限公司、广西扬翔股份有限公司、青岛九联集团等企业的存在，为广西职业教育、中等职业教育赋值，使广西职业教育中的农产品加工、畜牧、兽医、植保、农艺等专业一定时期内焕发新的生机与希望，挑起民众的期冀与新的视角。

3. 稳定功能

社会发展形势大好，各行各业蓬勃发展，对民心是一种稳定，"仓廪足而知礼节，衣食足而知荣辱"。社会生活安定，民众才会考虑教育与发展前景。社会经济环境，是民生的"花盆环境"，也是教育的"花盆环境"组成之一。广西近年经济发展速度在西部各省份来说，不是最快的，但发展的速度也不慢，交通环境改善最突出，让中等职业教育环境有更宽更大的花盆，更优的"花盆环境"，毕业生一天内能到达的大城市或产业园区不断增加，就业之路不断拓宽，就业之门洞开，中等职业教育占据的民心率更高、更稳固。

三、广西中等职业促进类教育"花盆效应"现象各类别的效应

（一）政策促进效应

政策的促进效应，从政策生效时长分，分为长期效应、短期效应；

从政策生效范围分,分为广泛效应和局部效应;从政策生效的速度分,分为缓慢效应和快速效应。

1. 长期效应

长期效应,指的是政策促进效应是长期性的。在计划经济时代,政策的促进长效效应确实很长。在市场经济下,政策的促进效应,有一两个五年计划周期,算是比较长的长期效应,如《广西壮族自治区中长期教育改革和发展规划纲要(2010—2020年)》。在大方向上,教育政策10年不会大变动,对于职业教育的促进,属于长效的。

2. 快速效应

快速效应,是指政策促进效应是短时期的,最长不到一个五年计划周期的,如《关于做好2012年中考与普通高中招生工作的通知》(桂教基教〔2012〕7号)。文件的促进效应时效不到一年时间,但是这样的文件明确了高中阶段生源分流计划量,影响当年中等职业学校生源量,影响当年中等职业教育规模。

3. 广泛效应

广泛效应指的是政策的促进效应影响范围广泛,涉及整个教育体系或一个区域的教育系统。如《国务院关于建立健全普通本科高校高等职业学校和中等职业学校家庭经济困难学生资助政策体系的意见》(国发〔2007〕13号),涉及的就是整个国家除小学教育、学前教育之外的所有全日制教育层次,而《关于加强全市普通高中招生管理的若干规定》(钦市教字〔2006〕18号),影响的就只有广西壮族自治区所辖的一个地级市范围。

4. 局部效应

国家层次上的政策,产生的效应是广效的;而地方性的政策,产生的是局部效应,涉及的是地方、小范围环境,局部效应明显。

(二)社会发展环境优化效应

职业教育环境优化后,对于职业教育,如立起了一个LOGO,优化职业教育环境后的职业学校是标杆,是榜样。例如,江苏将不同专业教育资源整合后重新分配,将分散的各专业教育资源优化给小部分甚至只是几间学校，让几个学校重点发展不同的专业，形成每个学校所发展的专业，专业配置、专业资源最优，前景最好。学校之间的竞争，是前瞻性的竞争，是管理水平竞争。减少了同类资源、生源、师资等在省内甚至区域内的竞争。这是一种进步，环境优化的正态效应。所以，江苏省多年来都是教育的标杆，不只是在职业教育上，而且在普通高中、中学教育上也是如此。

1. LOGO 效应

LOGO 是英文 logotype 的缩写，是徽标或者商标的英文说法，起到对徽标拥有公司的识别和推广的作用，通过形象的 LOGO 可以让消费者记住公司主体和品牌文化[1]。中等职业教育环境优化后，特别是社会行业需求环境优化、行业发展环境优化后，行业职业就成职业教育专业趋同的 LOGO，对专业的识别度和推广力大大提升。

2. 标杆效应

社会中快速发展的占有较大市场份额的行业，很快就会发展成为名企业、大企业、强企业，如世界 500 强企业，是行业的标杆，也是职业教育的标杆。引进大型的朝阳产业，发展朝阳产业，是为社会行业树标杆，也是为职业教育立标杆。各地市以极大优惠政策，大开"绿灯"，大力促进大型企业、有名企业进驻，在解决眼前民生问题，也是放眼将来民生问题——促进树立教育标杆，培养高技能、高素质劳动力。

（三）发展榜样效应

1. 认同效应

榜样的力量是无穷的。同是中等职业学校，别的学校成功的发展史、发展道路，对于正在寻求发展道路的中等职业学校，是一种榜样，是一种启迪与鞭策。

大国工匠的成长史、成长经历、学历，对学生是一种精神激励。尤其是那些职业教育学历起步（也是中等职业教育），经历中并没有高等

---

[1] 商标、徽标. 360 百科，https://baike.so.com/doc/5350069-5585525.html.

教育的影子，却凭借着自己的踏实工作走出名工匠之路的榜样，最容易获得学生的认同。国家这几年对大国工匠的宣传，给了民众和中等职业教育学生莫大的精神食粮和激励，对中等职业教育的认同率大有提升，中等职业教育接受程度也在提升。

2. 自信效应

"名工匠也是从普通人成长起来的！"在中等职业教育榜样效应上具有极高的激励作用。起跑线相同，学习条件更优，环境条件更好，有理由不成为工匠吗？似乎没有！

社会心理学家杜拉提出自信是个体的自我效能感，是个体对自身成功应付特定情境能力的估价。个体自身成功应付特定情景、完成事情能力估价高，对自己的行为及他人产生正向影响的现象，即自信效应。自信是一种学习、工作、交流的积极态度，能让人充分认识自己的长处和潜能，以更有效的方式应对学习、工作和生活。

目前，社会对中等职业学校毕业生社会价值认识普遍低，中等职业生自我价值认识因受社会和自身知识面、阅历的局限也偏低。中等职业教育发展，需要形成自信效应环境。而2018年由中华全国总工会和中央广播电视总台联合举办的"大国工匠2018年度人物"评选部分结果，有效地创造了自信效应环境。高凤林，中国航天科技集团第一研究院211厂技工学校毕业，被誉为"金手天焊"；王进，临沂电力技工学校毕业，"高空舞者"王进，被誉为千伏高压带电作业"世界第一人"；李万君，长春客车厂职业高中毕业，被誉为"工人院士"电焊工；乔秦凯，山西临汾电力技术毕业，称为核电站"心脏手术师"、核燃料师。[1] 这些第一学历为中专毕业的大国工匠，可以激起中等职业学生的职业自信，"名工匠也是从普通人，从中等职业学校学生成长起来的！"让学生心理上认同起跑线相同，而自己的学习条件更优，环境条件更好，没有理由经过努力不能成为匠师，从而创设良好的自信效应。中等职业教育需要发展，树立榜样，形成自信效应环境。

---

[1] 蒋夫尔，致敬职业院校走出的大国工匠[J]. 中国教育报，2019.5.2.

(四)订单效应

1. 定心丸效应

订单教育只要存在，都有许多"粉丝"追随。它的魅力不在订单有多适合学生个人发展，只是契合家长对孩子将来的期望。它的吸引力在于学生毕业后就能就业，不用到人山人海的人才市场上去，历经无数次面试投档后还可能一无所获地寻找单位。这是给民众的一颗"定心丸"，这是心理求安稳的"安全"效应、定心效应。目前，在广西中等职业教育，订单教学还是比较受欢迎的，但是订单的促进作用还是比较局部的。因为订单太少，规模太小，订单的履约率不高，下单企业不是高效益、名企业，趋同率不高。

2. 归属感效应

进入企业冠名班级，容易让学生产生归属感。教学管理中善于利用企业文化与制度教育，创造更多企业见习、实践机会，让学生了解企业辉煌与不俗业绩，有利于缩小中等职业教育学生职前、职后技能差距及环境适应的不适度。名企业给予学生的归属感、荣誉感最强，职业教育中的校企合作，积极联系名企，争取名企办学或协同办学，是一种双赢。

四、广西中等职业促进类教育"花盆效应"现象各类别实例评析

(一) 政策促进效应

在中等职业学校，政策的促进效应相当于让"花盆"内的"植物"——学校有机会利用自己的"根须枝蔓"，吸收利用内外环境中的营养物质，或提供有利条件让"盆内植物"有机会、有能力吸收内外环境差别养分。如《国务院关于建立健全普通本科高校高等职业学校和中等职业学校家庭经济困难学生资助政策体系的意见》（国发〔2007〕13号）文件发出后，各中等职业学校宣传利用这一政策，大力宣传自己学校的核心专业、特色专业、资助专业，宣传自己的办学条件、师资力量、学校的优惠、帮扶政策等，以吸引更多的符合条件的就读学生。

广西钦州市每年中考,都有 1 000 名左右的贫困生获得继续升学的机会与条件,因贫困而辍学的人数每年递减。例如,2017 年的招考计划中,1 198 人列入中等职业教育免学费教育[1],让家贫又学业成绩不是很突出的学生有了一条更适合自己发展的路,不给家庭增加负担,也能继续自己的学业。对学生,对职业教育业,都是双赢。

(二)社会发展 LOGO 效应

校企深度、深入成功合作,应是职业教育名牌,是职业教育的 LOGO,证明职业教育把握住职业发展精髓。以校企合作程度、深度作为学校发展 LOGO 的,在职业教育、中等职业教育中,鲜少。南京金陵高等职业技术学校努力创设与宝马集团、德国大众公司等汽车名企合作办学,将行业岗位培训、中等职业教育相结合,闯出了校企深度成功合作名校的 LOGO,闻名汽车行业业界,也闻名中等职业教育系统。这种合作,一是学校、当地政府顶层设计到位、精确;二是当地政府、学校深度合作态度坚定,一切为合作让路;三是合作诚意、热情如一,始终坚定初心,把合作做好做强;四是教学、管理坚持企业模式,以符合企业需要与发展为核心。

广西中等职业教育也进行校企合作办学,但是合作办学的 LOGO 效应远没有江苏南京金陵高等职业技术学校那么突出。在广西,目前没有哪一个专业,能在区域环境内达到业界名企乐意深度合作的水平,虽然基本的合作还是存在的。例如,青岛九联集团、扬翔饲料有限公司,就与广西开设有农业类专业的职业学校签订了学生实践、顶岗实习等方面的合作协议。但是,如江苏南京金陵高等职业技术学校那样,为企业各地各分公司培训职工、熟练技术工,为企业售后服务培训技术人员,还达不到或者说不具备这样的资质。企业也做不到每出一种新产品或新设备,同步投入到职业教育中,以提升教育水平。2019 年,《国务院关于印发国家职业教育改革实施方案的通知》发布,提出"促进产教融合校企'双元'育人""推动校企全面加强深度合作""推动职业院校和

---

[1] 2017 年钦州市高中招生计划. 钦州市教育信息网,2017.4.

行业企业形成命运共同体"[1]，给校企合作搭台及后援——按规定落实相关政策，厚植企业承担职业教育责任的社会环境。

（三）社会发展标杆效应

"木秀于林"是一种标杆，前提是"秀于林"。职业教育要获得更多的教育生态系统资源，必得先"秀于林"，做出值得社会、行业、政府树标杆的成绩。例如，江苏南京金陵高等职业技术学校、江苏海事职业技术学院，他们并不是一开始就树立为江苏职业教育的标杆，他们也是从简陋的中等职业教育开始，也经过职业教育的低潮与危机时期。他们的发展之路归结起来就是，先立学校专业标杆——将标杆专业做大做强——树行业系统专业标杆——争取行业、社会、政府投入——立就行业、系统标杆。简单来说，他们的做法是想办法在自己学校将一个专业做成品牌专业，利用品牌专业影响继续做大做强，争取在当地有一定的影响力，得以进入教育高层、政府高层视野，将学校发展成名校，成为当地甚至于大区域教育行业标杆。江苏南京金陵高等职业技术学校、江苏海事职业技术学院的发展之路，都是这个模式。他们是江苏中等职业教育的标杆，也是江苏职业教育成功的标杆。目前，江苏职业教育的模式，都是参照标杆学校进行，标杆模式下再创新路成了江苏职业教育常态。广西中等职业教育的专家、学者都到江苏进行过考察学习。在运用的过程中，目前还没走出适合并可复制的广西中等职业教育的模式。广西理工学校走出了自己的特色，学校也发展成全国100强职业学校，但他们学校发展的模式，未达到广西所有中等职业学校可复制的程度。

（四）社会发展榜样效应

1. 教育机构榜样效应

"榜样的力量是无穷的！"学生学习需要榜样去参照、去模仿，职业教育发展一样需要榜样去参照、去模仿。在职业教育发展过程中，我们模仿了德国的双元制，模仿了新加坡的工厂化教学，模仿了日本企业

---

[1]《国务院关于印发国家职业教育改革实施方案的通知》（国发〔2019〕4号），国务院. 2019，1，24.

大学，虽然这种模仿并不能成为普及全国的榜样，却确确实实有了本土化的榜样。例如，南京金陵高等职业技术学校，成功融合了日本企业大学及新加坡教学工厂，形成自己的职业教育引企入校模式，成为江苏职业教育领头羊，成为全国职业教学发展的榜样。广西玉柴股份有限公司，是广西许多开设有机电、汽车类专业的中等职业学校认同且企望合作的名企业。但是，目前没有哪个学校与之合作达成深度合作，成为区内校企合作榜样。区内还有许多名企，都没有与他们合作成为典范的榜样。

2. 教育对象榜样效应

刘云清，中车戚墅堰机车车辆工艺研究所有限公司首席技师，2018年全国五一劳动奖章获得者，一位名副其实的"大国工匠"，中专毕业，工作中完成了大专与本科的学习。这是我们在入学教育中给学生树立未来发展的榜样，也是我们职业教育发展性目标榜样。能在本校或本区域内找到可树教育对象榜样，甚至能在本学校、本区域同专业教育对象中找可以树的榜样，更亲民，可信度及激励性更高、更大。

（五）订单效应

在中等职业教育中，企业冠名班是订单教育的一种模式。订单教育模式得到社会的认同和追随，是就业大环境变化及未能跟上社会教育发展步伐的民众心理的双重影响、选择结果。民众求稳、求安定心理未随着教育大环境的变化淡化，依然强烈。民众依然趋向于认定企业下订单了，孩子就是有工作了，是企业的人了。如同吃了"定心丸"，找到了归属。这使得订单教育一出现，各职业学校便争先恐后的实行。对当时职业教育的促进作用效果显著。但是多年后，订单教育未能坚守订单本质，也将归于冷寂，或形同虚设，有形无质。

第三节　广西中等职业协同发展类教育"花盆效应"现象实例评析

所谓协同发展，是指两个或者两个以上的不同资源或者个体，相互协作完成某一个或多个相同或不同目标，在达到目标的同时，不同个体都获得发展变化、推进。协同发展论已被当今世界许多国家和地区确定为实现社会可持续发展的基础[1]。

事物的存在发展都是相辅相成、协同发展进化的。任何一种事物发展变化更替，必定有协同发展的事物、环境。如花盆内的水分环境由土壤蓄水、植物截留保水，使植物及其他生物有一个适合生长的水分环境；植物落叶、根鞘、生物残体等使有机质增多，给腐生微生物、蚯蚓以有机养分。当所有生物都遵循这一规则有序生存，则花盆内生物的生态环境一定时期内是共同发展并在一定阶段达到生态顶极群落水平，即达成某一时间段的生态平衡。如果花盆的水环境不保障，长期处于干旱缺水状态，落叶被清理或没有腐化环境，则营腐生生活的微生物、蚯蚓等就存活艰难，花盆内生物就会缺养分缺水甚至于死亡。教育，作为生态系统的一部分也是如此，职业教育更是如此。职业教育花盆内或花盆周边环境适于职业教育发展，不出现不良或恶性竞争，职业教育各院校必定协同良性发展。相反，职业教育发展必定受到局限、阻滞。

一、广西中等职业协同发展类教育"花盆效应"现象类别

广西中等职业教育协同发展类教育"花盆现象"，按范围区域分为域内协同发展和域外协同发展；据协同因素分，则为竞争性因素协同发展、互利性协同发展、偏利性协同发展；据发展时间分，则分为长期共存协同发展和短期协同发展；据影响发展因素分共性发展因子协同发展、异质性协同发展因子协同发展。常见类型为域内协同发展、域外协同发展、竞争性因素协同发展、互利性协同发展、偏利性协同发展。让社会更为关注的是竞争性因素协同发展、互利性协同发展、偏利性协同发展。

（一）竞争性协同发展现象

一如花盆里共存的植物，每一种的存在对其他植物都是有竞争性的，竞争养分，竞争水资源，竞争光照，竞争生存空间等。它们在竞争

---

[1] 协同发展，360 百科，https://baike.so.com/doc/9243114-9576463.html。

中共存，相互竞争，也相互依存。它们竞争水资源，也共同为花盆截留储蓄更多的水资源；它们竞争养分，但它们的落叶、落鞘，为花盆形成有机养分资源；它们竞争光照，抢夺地盘，却也在竞争中适应、妥协，占据自己所能占据的位置，构成理想的花盆垂直结构、水平结构、立体结构。

职业教育竞争性协同发展效应存在于教育行业内部，以距离、类同专业为竞争强弱源。距离越近，相同专业越多，竞争越强，反之越弱。各地中等职业教育资源环境，就如一个"花盆"，各中等职业学校是"花盆"中的植物，如果各校设置的都是相同的专业，则竞争激烈，不但竞争同一专业的设备、设施、师资、行业资源，生源竞争更是惨烈。在这样的竞争下，各个学校专业设备和师资都在想办法提升，以提升竞争力，在竞争中协同发展。如目前热门的汽车专业、学前教育专业，各职业学校都在不断引进设备、引进师资，争取在下一个招生季中可以展示，以实力提升竞争力。2010—2015年，广西各职业学校都在争取教育部门、行业管理部门汽车专业、学前教育专业建设项目，争取教育厅示范性特色专业实训基地项目，争取教育厅专业发展研究项目等。在竞争中，各校都加大投入，争取到项目的尽可能让项目款项发挥最大的效用，争取资源最优。在无形中，竞争中各校相同专业的教学设备更新提升，专业软实力也在提升，协同发展效应在竞争中产生发展。

（二）互利性协同发展现象

正如前面所说，花盆内的营腐生生活的微生物、蚯蚓类生物，与花盆内植物是互利共存，协同发展的。像花盆中生物一样，中等职业教育与行业、企业，相互之间的关系，应当是互利中的竞争与协同发展，这样才是双赢的。目前，在中国的职业教育与行业、企业关系中，能做到互利共赢协同发展的，江苏有成功案例，如南京金陵高等职业技术学校与宝马公司的合作。行业企业为职业教育提供实践教学实境，为教育提供行业社会同步的先进技术、设备；职业教育为行业企业提供技能型技术人才，为行业培养人才。目前，大部分职业学校所提供的技术人才，远没能达成行业的需求，企业提供深入的教学实践，企业有技术、管理模式等泄露的风险,增加行业竞争程度,职业教育行业实践一边倒地成了企业的负担;职业教育师生的行业企业实践安排,基本是最简单无技术含量的简单操作,学生意见大,行业企业实践成了"鸡肋",形成校企合作"校热企不热"的现象。本是互利共赢的,却走出了各行其是,各不相干的态势。企业用人,招聘回来后,还要花时间花大价钱进行岗前培训,学校苦于专业教学与行业同步技术渐行渐远,背离职业教育发展的规律。目前,广西大部分校企合作处于此种合作状态。

(三)偏利性协同发展现象

在自然生态系统中,偏利共生的现象是存在的。在中等职业教育与周围教育环境中,偏利协同生存发展情况主观因素较多,主要是某时间段教育与环境中的主体暂时性的出现发展有利方向的偏向,特别是职业教育与企业合作中的利益偏离现象。按职业教育的产生、发展历程,职业教育目前还是处在行业发展带动职业发展阶段,处于行业发展助力职业教育;而职业教育给予行业发展的助力,寥寥无几,等同于无。出现了职业教育发展生境中的偏利协同发展效应,也影响着行业、企业长远发展壮大与生存,影响校企合作深入的、长远的合作与发展。

二、广西中等职业协同发展类教育"花盆效应"现象各类别的功能

(一)竞争性协同发展效应

1. 淘汰功能

有竞争,就有优劣,就有淘汰。淘汰不适合发展的特点、技能、习惯,形成新的生存特点、功能、技能。这是生态系统的规律,是生态自然选择规律,如长颈鹿的进化。市场经济下没有政府部门或较强行业委员会干涉调整下的中等职业教育也遵循这一规律。符合市场经济规律,满足市场需要的专业技能越来越突出,不能满足市场需求的技能逐渐退出或被更新换代,如计算机的芯片、版本。例如,中等职业学校的园林技术专业,专业原来的教育技术方向,是园林植物栽培管理育苗。经过多年的竞争淘汰和社会需要的变迁。目前,园林技术专业更吃香的景观

设计、永生花的制作工艺、压花艺术、嫁接技术等。哪一个学校专业在竞争淘汰中能产生或发展新技艺，竞争的协同发展效率就更高，占据更多的职业教育行业市场份额。

2. 选择功能

生物在竞争生境的同时，也是环境在选择物种，选择物种的功能。只有更具竞争力更有生存力的物种、物种生存技能，才能存活得更长，占有更多的资源和生存空间。

作为生态系统的组成部分，人类社会也竞争生存机会与空间。要占据、拥有更多的生存资源和空间，就必须更具竞争力。职业教育是人类生存竞争技能累积提升的渠道之一，遵循生态物竞天择原理。越是恶劣的竞争，社会选择速度越快。职业教育在竞争中只能努力选准专业设置、专业发展方向、专业发展目标，努力发展壮大，在被选择中争取自己的选择机会，争取更大的生存机会与空间。

3. 优化功能

花盆内的植物，在竞争过程中总是此消彼长，总有部分植物或植物的某些功能在竞争中消亡、变化、变异，某些功能则更突出、更优异。在新功能未出现而旧功能在逐渐消亡时，植物原有的有代偿作用的功能，会得到强化优化，花盆结构得到优化，花盆资源短时间得到调整优化。

在同一个区域的中等职业教育各类专业，在竞争中，总会有一些较强的在坚守，弱一些的有可能踩了招生最低限额的红线，自动退出竞争，原有的参与竞争力量被逐渐削弱，强的更强，弱的更弱。如果不是出于专业社会需求决定因素，该专业在这一个时间段所获得的资源，就得到了集中与优化。也有可能因社会选择原因，所有学校同一个专业都在竞争中弱化，一起消亡。是被优化了还是被"灭亡"了，与社会需要相关，也与专业技术能否紧随社会需要相关。

（二）互利性协同发展效应

在花盆中的微生物、蚯蚓等生物没有意识与植物进行互利互惠，只凭着生态系统的规律，遵循自然规律的互利协同生存发展。人类是有智慧、有意识的高等生物，在智慧意识的支配下，是可以利用、调动一切有利环境条件，互利互惠，争取和促进生存发展条件和发展空间的。在没有利益冲突、利益一致或互惠互利情况下，互利性协同发展效应会凸显。

1. 资源共享功能

在没有资源竞争可能的中等职业教育交流学习中，进行交流的专家、学者、教育工作者进行了深入的关于职业教育资源利用、教学方式方法的探讨、教学管理的改革等教育教学过程的交流探讨，也进行这一系列教学资源的共享。相信在进行教学整改、教学结构优化后，这样的资源共享和探讨，将会频繁出现。

2. 互助互商功能

在没有了利益的竞争冲突后，世界的一切都是平和的，一切都是可以商讨的。在教学整改、教学结构优化后，同区域内不再出现恶性资源竞争，对于一些可共享的资源，就可以摆到桌面商讨，一些可合作完成的研究、任务等，也可以互商互助。目前，广西职业教育科研大联合趋势，在广西职业教育发展研究中心、东盟职业教育发展研究中心一力促成下，已现雏形。相信不久的将来，广西壮族自治区整个职业教育将形成合力，展现职业教育新风貌。

三、广西中等职业协同发展类教育"花盆效应"现象各类别的效应

（一）资源放大缩小效应

一个馒头10个人分和10个馒头一个人用的效果显然不同。但是，10个人讨馒头或10个人做馒头，效果则是另一个天地。一个省份的职业教育资源要分摊给予高等职业教育、中等职业教育及其他职业教育，中等职业教育再将有限的资源进一步分到各地市各学校，就成了一个馒头10个人分的现状，全国大部分省份现在就处于这种状况，江苏省的相对好。如果将一个区域的汽车专业资源按类别分开做，就达到10个做馒头的效果。例如，假设一个学校专做汽车维修，一个学校专做汽车

美容，一个专做汽车营销，……目前职业教育高层已经意识到这种现状带来的负面效应，全国上、下正着手做教学诊断、整改及结构优化。广西紧跟步伐，教学诊改和教育结构资源优化正在进行中。这一次优化，能够促进资源的放大效应，减缓资源缩小效应，降低职业教育环境恶化的速度，同时也在调整和抑制职业教育的局限效应。

（二）协同发展效应

生态环境中，竞争各方在竞争过程中是持续发展变化的，不会一成不变停留于原地、原水平，是水涨船高还是一蹶不振，是正面发展还是负面发展或是共同发展，主要看竞争各方的发展实力、意识、竞争态度。在人类社会生态环境中，目前有识有远见的，追求的是共同发展中的竞争，双赢的竞争，争的是合作的模式，争的是合作的普适途径。

正如前面所说，在中等职业教育进行教学结构优化、教学整改中，被优化掉专业的学校可以与保留该专业的学校协商协同发展，交换资源、共享资源，促进双方存有专业的发展，这才是在竞争下的双赢协同发展。

四、广西中等职业协同发展类教育"花盆效应"现象各类别实例评析

（一）竞争性协同发展效应

据盘长丽在《广西职教集团运行现状实证分析》[1]所述，广西职业教育集团成立运行，最早可追溯到2007年。职业教育集团的成立，可进行集团内部资源有效整合调配，在合作中，也存在竞争。资源的调配与整合程度，受集团利益最大化影响，也受集团内部组成团队利益分配影响，合作中的竞争也趋于激烈。这是典型的竞争性协同发展效应，协同发展效应强，则整个集团发展为上升趋势；协同发展效应弱，集团内部竞争强于协作，集团利益共同体结合松散或减弱，资源放大效应没得到体现，选择功能、优化功能受阻，协同发展阻滞效应显著。例如，广

---

[1]《广西教育》，2017，07，17。

西钦州市的职教集团，有技工学校、职教中心、商贸学校、农业学校等，在生源上他们处于竞争状态。在区域经济资源、区位优势、区域声望等的享有与维护上，他们是既竞争又协同发展，无论哪个学校声望上涨，对其他学校都有正向影响。但是，无论是哪个学校出现不良的事情，对其他学校也有负面的影响。毕竟是同一个集团、同一个区域，人们评价的眼光可以是局部的，也有可能是整体的，甚至以偏概全的，形成一损俱损一荣俱荣的态势。

（二）互利性协同发展效应

互利性协同发展指的是不同的个体、单位，在生存、发展中共享对方没有且对对方发展有利的资源，双方均获得单方发展更为有利的发展或获利的现象，由此产生或出现的互利效应，称为互利性协同发展效应。

资源共享常态效应。这在广西首府南宁的职业教育师资资源共享中较为常见，主要是各职业院校缺乏的师资流通共享，通常以外聘教师形式出现，与职业院校企业外聘教师相似，也存在区别。主要的区别是职业院校师资资源的共享，主要是单位与个人之间形成协作关系模式，而企业外聘教师常见的是单位与单位之间形成的协作关系，企业员工与职业院校合作虽然存在，但是处于明处的不多，难以统计，影响力也是潜在的。利于中等职业教育协同发展的，必定是单位之间的资源共享关系，更有利于资源的利用与调配。尤其是在政府进行教育结构优化后，这样的校校合作资源优化调配共享，互利促进作用会得到进一步的优化。

助力创新出新效应。目前，广西正做着教育结构优化，涵盖着专业设置结构优化、师资资源优化、设备设施资源优化等。专业在结构优化中处于劣势的，就有可能从该校的专业设置中撤掉，让路于处于优势的他校相同专业。为了发展，学校必定利用一切可利用资源全力发展自己优势专业或推出本校资源可支撑的新优势专业，善于借势的，会在资源共享中借助他校有资源却无相关专业的专业源，助力本校新优势专业发展壮大。这对广西职业教育的发展，助力明显。如果每所职业院校，都往这种双赢发展的资源共享利用模式发展推进，广西职业教育、中等职业教育互利性协同发展效应必定会空前兴旺。目前，广西的中等职业教育结构优化正在进行中，各学校被优化的专业设置尚未明朗，各学校若具有前瞻性眼光，可以预见学校能够存留专业及可能被优化掉专业，做好资源共享合作预判甚至协商，更有利于学校在互利协同发展中抢得发展先机。

第四节　广西中等职业博弈类教育"花盆效应"现象及实例评析

博弈，在百度百科中原义是下棋。已被广泛地应用在社会各行各业的竞争中，形成了一系列的行业博弈观。教育，也如下棋。下什么棋，则是什么类型的教育。在教育的各类型下，决策层再进一步博弈，博弈教育参与的对象、资源、决策、能力、信息、收益、得失等。决策层若能理性解决决策主体之间的冲突，均衡问题或合作，则博弈成功。

一、广西中等职业博弈类教育"花盆效应"现象类别

在中等职业教育这个"花盆"之下，"花盆"内、外资源、环境，"花盆"内外对象、信息、收益，都是职业教育博弈的对象。如按"花盆"内、外边界分，则分外博弈、内博弈；如按被博弈的对象分，则分资源博弈、对象博弈、信息博弈、能力博弈、收益博弈等；如按博弈操作主体分，则博弈分为校间的博弈、政策博弈、行业博弈。不同类别的博弈，产生不同的效应。以被博弈对象为依据的博弈分类，在社会中较为普遍。博弈，不是孤立存在的，总是要调动起花盆内外所有可用、不可用的因子，在适当的时机加以利用。在博弈中，孤立存在的博弈类型也是不存在的，信息博弈中，也博弈信息资源，博弈主体决策能力，博弈对象潜在发展能力，博弈环境状况等。

（一）资源博弈之资源迭变

社会的发展，倚赖的是资源。资源博弈不只是在教育行业，在世界

各行各业，都存在着并将长期存在着。在中等职业教育这一个"花盆"中，通常博弈的是教育知识、教育经验、教育技能、教育资产、教育经费、教育制度、教育品牌、教育人格、教育理念、教育设施以及教育领域内外人脉资源。

在市场经济快速发展下，教育资源博弈，不但博弈的是底蕴，博弈的还有决策层的理念。底蕴丰厚，理念与社会发展同步或领先的，资源的迭变波动，峰值起伏不大，不出现极端高峰或低谷，发展平稳。底蕴不丰厚，但教育理念先进的，有可能在资源博弈中抓住机会，争得优先发展机会。如果底子差，理念是落后的，博弈中可能很快会被淘汰。在广西，中等职业学校这样的博弈，与其他省份无异。广西边远山区和西部，中等职业教育甚至于教育，在博弈中都是处于弱势的。例如，贫困县西林，在中等职业教育博弈中，就属于底子差，理念是跟上政策了，但博弈中还是落败，多年招生不景气，有些专业长期招生数为"零"，对外合作送生也不理想。当然，西林的职业教育问题，教育环境"花盆"原因不可忽视。

（二）信息博弈

行业发展，信息先行，拼的就是信息的快捷掌握、处理与运用。越发达的地区，信息高速公路越发达，信息洋流越快。在信息高速流中能快速捕捉到有利信息并果断处理应用，是制胜的诀窍，也是法宝。在中等职业教育发展过程中，信息的捕捉与处理应用，也至关重要。同是国家颁布的政策，江苏省的反应和应用就在国内省份前列。广西壮族自治区虽然也是沿海省份，但是信息来源、信息把握与其他沿海省份相比，还是有差距的。在博弈过程中，信息应用的决策也不如其他沿海地区快速果敢。这是由于广西的区情、民生、经济大环境等实际情况，步伐不敢迈得太快，却也错失一些发展的良好时机，信息资源应用显得稍延后一些。

（三）决策博弈

顶层设计，本是工程学术语，在工程学中的本义是统筹考虑项目各层次和各要素，追根溯源，统揽全局，在最高层次上寻求问题的解决之道[1]。决策博弈，真正博弈的是顶层设计能力，即是顶层决策者们的统揽全局能力。国与国之间的教育决策博弈，是国家层面；省与省的教育决策博弈，是政府层面；地方教育博弈，有地方政府也有学校层面的决策博弈。广西中等职业教育决策博弈，在区域内相同的政策环境条件下，决策博弈主要在校级顶层。校级决策层能信息畅通，领悟运用好政策，统筹考虑校内外各层次、各要素和拥有的资源，统揽全局性地做好决策，在博弈中肯定能占一席之地。这种决策，不能只依赖决策层的智慧，需要的是众志成城，是众人智慧的结晶；这种决策，不能是决策层的"闭门造车"，而是需要综合、统筹、判断发展要素、信息、资源，根据各自的发展层次进行决断、施行。

（四）政策博弈

政策博弈，博弈的是政策的领悟、吃透、可能的拓展应用，博弈的是政策的活用、"擅用"、敢用。实质上，政策博弈和决策博弈一体，是决策层能力的博弈。同一条政策，在不同的地、市，在不违反原则的基础上，会有不同的领悟运用发挥。据孙亮在《改革开放以来校企合作政策的演变与完善》[2]中提到，国家最早的校企合作政策为1986年的《关于经济部门和教育部门加强合作，促进就业前职业教育技术教育发展的意见》。根据东南大学继续教育学院刘荣才主任介绍，在20世纪80年代末90年代初，江苏的职业教育就已经积极着手校企合作办学的探索与实践。在80年代末90年代初，广西还是以计划经济为主，国家政府统筹安排职业院校学生实践实习的时代，也逐步出现以学校主动联络企业、单位进行学生实践实习。但是，引进企业与企业合作办学，还是新鲜事物。联系合作实习的企业，基本上还是国有企业，校企合作的资源缺乏，起步比江苏要晚至少10年。这就是一种政策博弈，博弈的是资源运用、顶层决策的魄力和能力。

（五）校间博弈

中等职业教育学校与学校之间的博弈，博弈的是各级各类资源。各

---

[1] 顶层设计，政治新名词反映中国未来改革路向. 新华网，2013，02，17．
[2] 孙亮．《学理论》，2013．(35)．

类资源在博弈的过程中，不会一成不变，而是随着环境社会动态变化而改变。不在恰当的时间恰当的机会恰如其分地应用，这些资源的优势将会丧失掉。例如，广西区内的农业类学校，许多都有着几十年的发展史，甚至有些有近 100 年的历史，农业教育知识、经验、资产、品牌资源都很丰富。在进行农业专业教育博弈的过程中，这些资源都起到了相应的作用。但是，没能发挥到最大，没能在博弈过程中注重传承与时代发展，虽然个别原专业声望好的学校农业品牌口碑还在，但是优势已渐弱。在农业专业优势削减过程中，各农业类职业学校没有及时重振农业专业生机，发展的重点转移到当时热门却并非学校优势的专业上，以弱搏强与他校博弈。农业类职业学校各专业的没落，有大环境的原因，但是不可否认的是在博弈中没有扬长补短，没有抓住博弈的关键和发展的契机，甚至有可能决策方向偏离。学校与学校之间的博弈，是资源的最大化，是决策的正确、及时，是发展性的博弈，固守或不再重视，必定将资源与优势消耗殆尽，直至消亡。在广西，农业类职业学校摒弃优势，参与不占优势的其他行业的竞争，不是个案；其他类型职业学校也存在，是常态，是教育发展博弈的"花盆效应"。这样的常态下的博弈，没有赢家，输的是整个广西的中等职业教育。广西的职业教育工作者在外出参观学习后，感叹最多的是广西职业教育与发达地区职业教育的差距。

二、广西中等职业博弈类教育"花盆效应"现象各类别的功能

（一）资源迭变的提示预警功能

资源变化，是博弈结果的提示与预警。在博弈过程中，原有资源的快速消耗，不代表博弈就已经宣告失败，而是看原有资源损耗程度，看所剩资源能产生或支撑新发展需要程度。看新资源是否产生，与原有资源的价值是否相当，是否新产生资源有发展壮大前景。如果在博弈过程中，原有资源在锐减，新资源没出现或增速堪忧，或新资源的社会效益、实用价值不在预期范围，这就是一种预警，资源博弈失败的预警。

广西农业类专业在资源环境博弈中,逐渐萎缩,许多原来有农业类专业的中等职业学校,在博弈中逐渐放弃农业类专业,增设其他新专业。这对于学校,对于农业大省的广西,难道不是在预警?

(二)信息流转的刺激、启迪功能

信息的流动,每个人、每个单位、每个机构、每个层次都有机会,但机会不会均等。每个人、每个单位、每个机构、每个层次信息来源渠道、信息资源、条件、能力、能量等都不同。善于拓展信息资源、分析信息资源、利用信息资源的,对信息流转刺激的敏感度会更高,条件适合或更优的个人、单位、机构、层次,能更准确地抓住信息的要领,从中获得启迪与帮助,加快自己的发展速度或找准自己的发展方向。在党的十八大后,国家对精准扶贫进行界定、制定具体政策、扶贫统领思路。党的十八大的信息,是后来产业扶贫、技术扶贫的启迪信息。这一信息,对于中等职业学校,是一条发展信息。把握并运用好这一信息,相当于为学校专业发展做了一次高规格、高标准的广告。据了解,目前,广西中等职业学校进行产业扶贫、技术扶贫工作方面,最大的进展是以整村推进农民技术培训、新型职业农民培训、农村致富带头人培训,有一定的宣传作用。但是,并未能展示出学校专业技术带来的产业技术经济效益,没能打动民众的心。只有承接一项产业扶贫技术项目,带动贫困农户以产业技术生产脱贫,才是最具说服力的信息高端运用,用事实说话。例如,畜牧兽医学校可以养殖技术进行技术扶贫,带动养殖产业扶贫,做养殖产业的技术后盾,解决产业生产过程的技术难题。种植类专业学校可以从种植业方面进行产业技术扶贫,商贸类学校可以"互联网+产业"从产品营销方面进行技术扶贫,机械汽车理工类学校可以进行机械类美容、维修养护技术扶贫。

(三)决策博弈过程的博彩功能

每一次的决策,都是一次博弈,博的是见识是否广泛,博的是眼光是否独到有识,博的是判断是否准确无误,博的是资源是否硬朗坚挺、始终是坚强后盾。每一次决策,都是一次考验。考验博弈单位的博弈能力和博弈水平。中等职业教育如果为了稳定,一直跟着大潮走,学校的发展局限性会逐渐增大，不是被优化掉，就是不温不火地跟在潮流的最后，让人看不到希望。这样的职业学校，在广西，不缺实例。这一次的教学诊改与教学结构优化，应该让这些学校有所触动、有所改变。

（四）政策博弈之守土或开疆功能

政策的博弈，通常带来的是开疆拓土之变。敢于创新运用政策，为民众博取政策原则下最大程度的利益，是每一个权力决策层最高的理想与成就。有进取心的决策团队，都希望能把握好每一次的政策博弈。也正是因为有着决策层的这种博弈心理，社会才会不停地发展进步，职业教育亦然。当然，有"赌徒"心理，也有"守土"心理，开不了疆，那就守业吧。有的决策层也存在着只求安稳的守着眼前的发展态势，平稳地度过自己决策权力的时代。这两种情形，在广西中等职业学校决策中不罕见，如广西商业学校、广西机电工程学校的决策层，就属于在政策下开疆辟土的类型。在博弈下，广西机电工程学校已向高等职业教育迈进。当然，守土的学校居多。

三、广西中等职业博弈类教育"花盆效应"现象各类别的效应

（一）资源博弈的逆水行舟效应

在资源博弈过程中，教育知识、教育经验、教育技能、教育制度、教育品牌、教育理念及教育领域内外人际关系等资源，易出现逆水行舟现象，在具体专业教学中更明显，也易出现不良循环现象。例如，农业类专业，博弈过程中教育知识、技能、理念越来越跟不上时代发展，与社会需要、形势距离越来越远，吸引不了资金资源的投入。在有着竞争的高等职业教育的博弈下，逆水行舟，中等职业学校农业类专业退了，发展较为艰难。发展越艰难越难吸引学生，其他资源的投入也相应减少或失去优势，越没资源，越没吸引力，成为发展的恶性循环。

（二）信息博弈的高原效应与醉氧

高原反应（high altitude reaction），是人体急速进入海拔3000米

以上高原暴露于低压低氧环境后产生的各种不适，是高原地区独有的常见病[1]。"醉氧"是人们高原旅行完毕后，从高海拔地区下到低海拔地区、从缺氧状态进入氧饱和状态所产生的眩晕或迷盹感觉[2]。

在信息博弈中，也会出现信息的高原反应效应和醉氧现象。当面对似是而非的太多的信息，中等职业教育也会醉氧，不知选择哪一条信息更适合职业教育的发展。因此，要重重筛选，要决策层慎重决策。当面临重大决策时，决策层手中只有寥寥无几的信息，还是无用信息时，中等职业教育面对的就是信息的高原反应效应。是否会发生高原效应，得看中等职业学校的信息资源、人脉资源、社会资源等是否富足，当然还有人才资源，资源充沛，信息高原出现的概率就不会那么高，醉氧效应也同理得到缓解甚至不出现。

（三）决策博弈的隐瘾效应

赌博成瘾是一种心理疾病，决策成隐性瘾，目前没有业界、学界将其界定为疾病。一般来说，能够刺激让决策成为隐性瘾的，是非常重大的决策并获得重大的利益，而且不是一次；或者虽然决策的不是重大事件但是事件对单位有较重要的影响，而且多次积累后，才会让决策层对决策上心，对决策方式及决策过程、结果有隐隐的兴奋与期待。如果决策多次失败，决策成功影响效果不大，则不会出现决策隐性上瘾现象。中等职业教育中，重大事件决策博弈过程艰难，最终博弈成功，最让决策层兴奋和期待，会形成下次决策过程的较固定的程序模式。在敢于进行政策博弈，开疆辟土的学校决策层，易形成决策博弈隐瘾，创新思维、开拓思维成习惯，也给学校创造更多的机会，博得更多的资源。

（四）政策博弈头顶的达摩克利斯之剑——原则底线效应

达摩克利斯是希腊神话中叙古拉暴君狄俄尼修斯一世的宠臣。达摩

---

[1] 高原反应.《医学百科》, 360 百科名医, https://www.baikemy.com/disease/detail/13215158620673/1.

[2] 醉氧. 360 百科, https://baike.so.com/doc/5632543-5845167.html.

克利斯常说"君王是世界上最幸福的人",于是狄俄尼修斯一世请他赴宴,让他坐在自己的宝座上,并用一根马鬃将一把利剑悬在他头上,达摩克利斯正吃得兴高采烈,不小心抬头看见自己头上用一根马鬃悬着一把利剑,吓得面无人色,狄俄尼修斯一世于是趁机教训他要知道坐上这个位置的代价,提醒自己随时有危险悬在头上,使他知道帝王的忧患。这是达摩克利斯之剑的故事,暗隐行业、单位、个人享受利益是在一定的原则、底线之内[1]。

政策博弈要坚守好政策活用的原则与底线,把握好用的度。原则与底线,就是悬在决策层头上的达摩克利斯之剑。这也是为什么决策层在把握不准时,宁可选择保守态度,求稳,也不愿迈出不确定的步伐。职业教育中,底线思维就在于懂政策,守规矩,知边界,记红线。新闻曾报道过的职业学校违规实习,不按规定发放津贴、绩效现象,就是越了界,踩了红线,碰到了头顶的达摩克利斯之剑。新修订的《中国共产党纪律处分条例》,也是一把达摩克利斯之剑。对于职业院校有越界思维的个人、单位,就是一种告诫警示。避免了职业教育敢冲敢闯的走政策边缘而产生的一些乱象,起规范效应。原则底线效应对于习惯于一直小心翼翼走在体制框架下的决策层,是一把达摩克利斯之剑。总体来说,政策博弈中的这把达摩克利斯之剑,必须高悬。

四、广西中等职业博弈类教育"花盆效应"现象各类别实例评析

(一)资源博弈中的资源迭变效应

资源不是固守就能珍藏和保持并永恒不变的,只有维护、活用和开拓,才会让资源正向积累叠加。在职业教育的长河中,这样的例子不胜枚举。

如广西理工学校,他们的声望资源丰厚,是第一批国家中等职业教育改革发展示范学校、国家级重点中专学校、国家级重点中专复评及教

---

[1] 刘金川. 悬在人类头上的达摩克利斯之剑[M]. 哈尔滨:哈尔滨出版社. 2012.05.

学水平评估"双优秀"、中国职教社—黄炎培优秀学校、全国职业教育先进单位、中国企业教育培训机构百强、全国职业教育管理创新学校、全国德育管理先进学校、全国关心成长模范学校、全国"十一五"教育科研先进集体、全国中等职业学校百佳网站单位、全国文明风采优秀学校、自治区文明单位、广西依法治校示范学校、广西德育工作先进单位、全区职业教育先进单位、自治区卫生优秀学校、自治区和谐学校、自治区绩效考评先进单位、自治区扶贫培训先进单位、全区学生资助工作先进单位、广西中等职业学校教科研"20强"、自治区级示范性中等职业技术学校等光荣称号。连续多年参加全区中等职业教育技能比赛获奖人数第一、获奖总数第一、金牌总数第一[1]。

广西理工学校每一项荣誉的获得，必定有上一项、前几项荣誉作为基础。例如，国家级重点中专评估中，中国职教社—黄炎培优秀学校、全国职业教育先进单位、中国企业教育培训机构百强、全国职业教育管理创新学校、全国德育管理先进学校、全国关心成长模范学校、全国"十一五"教育科研先进集体、全国中等职业学校百佳网站单位等荣誉全部积累叠加或部分叠加，满足评估指标1-4-3要求的就是"学校荣誉与社会声誉"；全国"十一五"教育科研先进集体荣誉满足指标1-4-1"骨干作用与教研成果学校"。教育资源博弈正向叠加，其实也是马太效应，当争取和拥有了优秀的资源，由于优秀资源的辐射联动效应，则会拥有更多的资源；相反，如果原拥有的资源不加以利用发展，在强烈竞争中失去后，资源的辐射联动效应也会将原有的资源优势剥夺，优势减弱。这就是资源的迭变效应。

（二）信息博弈中的"高原反应"与"醉氧"

在信息时代，信息"高原反应"在偏远的地区、山村、乡村，还存在，他们的信息来源渠道还存在不足；但普遍现象却是"醉氧"，特别是在城市、大城市、发达地区。在偏远地区、山村、乡村信息时代还存在另一个严重问题——人才缺乏。在众多信息中甄别适合运用

---

[1] 广西理工学校. 学校简介. 广西理工学校官网.

和发展的，加以领悟合理运用，需要判断和决策能力，需要人才支撑。

如广西上思、西林这些边远的县、镇的职业学校、职教中心，资源的局限性较大，虽然互联网时代早到来了，但是有些地方还是未通网络，信息设备、设施缺乏，教育行业网络信息收集，还不那么便利，经验还不那么丰富；面对突然袭来的大数据信息处理或需要大数据支撑时，就容易出现"醉氧"和"高原反应"，不知如何面对大数据或在设施落后情况下不懂如何收集、分析、应用数据。

（三）决策博弈中的瞻前顾后——慢拍效应

决策，不只是谋略断定，时间也是决策成败关键因素。市场经济时代，一个信息的影响力，往往不等长时间的验证。优势发展信息不可能等到探清前"狼"后"虎"，谋划出如何突出"狼""虎"的重围且从中获利后，才做出是否应用该信息的决策。信息的应用、信息的优先形势紧握在先行掌握信息的人、单位、企业手中。因为信息已经成为发展必争之源，是大家同为关注与竞争的香饽饽，同行竞争尤为激烈，没有太多瞻前顾后的时间。在职业教育中，大家更习惯于等待别人先试水，让别人做第一个吃螃蟹的人，无恙后才跟上。结果就是职业教育模式几乎是同一个模"铸"出，缺乏特色，也浪费了决策先机。如之前广西中等职业教育对学生工读交替政策的应用，是在别的省份即将放弃勤工助学这一模式之时才用上，我们方兴未艾，别人已经在琢磨更好、更有效的政策应用模式。职业教育慢半拍的结果，我们总是为相同的决策选择验证对错与影响，承担的是没有"远见"、没有"眼光"之名。

（四）政策博弈

政策博弈，在于政策的解读。不同层面、不同视角、不同视野，不同的人，有不同的解读诠释，但只要是在国家政策大框架、大方向下，都是被允许的。不同的解读方式、不同的诠释，影响的是决策。如2019年1月24日，国务院正式印发《国家职业教育改革实施方案》，方案中提到"启动1+X证书试点工作（即学历证书+职业技能证书），培养复合型技术技能人才"[1]。"毕业证＋职业资格证"双证或多证毕业，又一次摆到职业教育的桌面上，双证率又将是职业教育教学水平的一次博弈。据了解，2002年12月国家劳动社会保障部印发《关于进一步推动职业学校实施职业资格证书制度的意见》（劳社部发〔2002〕21号）中，明确提出"国家级重点职业学校以及少数教学质量高、社会声誉好的省级重点中等职业学校和高等职业学校的主体专业，经劳动保障和教育行政部门认定，其毕业生参加理论和技能操作考核合格并取得职业学校学历证书者，可视为同为职业技能鉴定合格，发给相应的中级职业资格证书"[2]。广西有些中等职业学校在这一政策下达后一直实施"双证"毕业制度（毕业证＋职业技能证书）。2013年以来，国务院分7批审议通过取消的国务院部门职业资格许可和认定事项共434项，其中专业技术人员职业资格154项、技能人员职业资格280项，取消率达70％以上。系列职业资格取消，是职业资格与毕业证"双证"或多证毕业是否实施的博弈。有的学校坚守，有些学校放弃。这次的坚守或放弃，也是一次博弈，对政策的延伸决策博弈。能在学生毕业率一度因职业资格证受阻受到质疑时坚守下来的学校，学生职业技能学习的自律性已经成为习惯，不用再规范、再引导，可以花更多的时间和精力用于职业技能的精化、熟练化，提升用人单位用人选择，都有一定的促进作用。目前，国家政策明确具体后，这些学校就占了此前政策博弈的先机，可以用更多的时间、精力博弈政策的其他可博弈空间，争取政策下的更大发展余地。

---

〔1〕《国务院关于印发国家职业教育改革实施方案的通知》（国发〔2019〕4号）.国务院. 2019，1，24．
〔2〕 国家劳动社会保障部印发《关于进一步推动职业学校实施职业资格证书制度的意见》（劳社部发〔2002〕21号）.

第五章　广西中等职业教育"花盆现象"对策研究

花盆的环境是有限的，换花盆的可能是无限的；花盆资源是有限的，往花盆里添加资源的可能是无限的；花盆周边外环境是有限的，但是拓宽花盆边界、创设花盆周边利于花盆植物发展环境的可能性是无限的。中等职业教育是一个"花盆"，有无数的可能改变这个花盆的环境，促进环境的良性发展。

第一节　广西中等职业教育"花盆效应"优化研究

"花盆环境"的改变，无外乎是内、外环境的改变，涉及"花盆环境"内、外结构、层次、资源等的改变。中等职业教育也是如此，调整和优化职业教育的结构、层次、资源，使职业教育处于最优的发展环境中，职业教育会正向快速发展。

一、结构优化

（一）宏观结构优化

职业教育宏观结构是国家、地方政府政策层次的结构，这涉及机构的改革与优化。党的十九大后是新一轮国家、地方的机构改革，教育机构改革也是其中一部分。宏观结构变动，往往是社会需求，社会宏观组成已经发生重大变化，宏观上的导向必须做出调整以利于结构功能更优化、更利于发展。地方宏观教育政策跟随着国家政策的变动而变动，在国家政策框架下兼顾地方教育发展需要与特色，主要是配合和满足地方经济发展需要。

（二）微观结构优化

职业教育的微观结构，主要是指教育机构的组成结构。如师资结构，包括师资年龄结构、师资知识结构、师资水平结构等。职业教育的微观结构优化，宏观调控为主，关键还在于教育机构内部调整改变。例如，师资结构优化，宏观上满足国家规定的生师比；在微观上，学校可以考虑提高专任师资组成结构中专业师资比例，特别是行业企业高级技师的引入比例。可以考虑学生学习优化条件微调，如优化个体学习、生活环境，促进个体生理、心理同步发展。目前，广西中等职业学校生师比是职业教育水平评估的指标之一，各职业学校都在想办法引进优异的企业行业高级技术技师，在降低生师比的同时优化专业师资教学水平。在个体学习生活环境上，很多学校已经改善了学生的公寓宿舍设施，很多学校学生宿舍已配备有空调、热水器、直饮水等设施，学生食堂服务质量也在提升。在心理素质培养、提升方面，部分学校早已设置有心理咨询室，配有国家二级、三级心理咨询师。

二、层次结构优化

（一）管理结构层次

教育层次结构的管理层是管理决胜的主因素。高层管理者越熟悉世界教育格局变化、趋向，创新思维突出，资源调配视角独到，统筹合理，越适合管理职业教育。对行业发展感知敏锐、前瞻性强、统筹力强、资源丰富的，最适合中等职业教育管理。往这些方向优化教育体系管理结构，则结构的竞争力更强。"行业中人管理行业中事"是最理想的，可避免"外行看热闹"的现象。这需要在宏观调控人才配备方面将人才合理调配到适当的岗位。

（二）年龄结构

在中等职业教育对象上，年龄结构大体分两层，即成人结构层和未成人结构层。目前，广西中等职业教育年龄结构上不显著，以教育时制分层更普遍，即全日制教学结构、短期培训结构。在师资中也存在着年龄层次结构，但是不显著。

一般情况下，受年龄阅历影响，成人在教育中目标性更强，心理基本达成与年龄同步，能够为了目标控制行为，因而成人结构教育优化、教育相对容易。在优化中，注意教育资源与成人目标需要契合，达成目标的教育资源配备充裕，兼顾目标的可发展性和前瞻性，优化目标就可达成。未成年人结构教育优化，需要兼顾的内容较多：一是未成年人教育目标不明确，个人教育需要意识未呈现明确方向，需要进行职业兴趣培养并助其形成职业需要目标；二是心理素养稳定，需要对其进行心理的社会大环境认识及心理素养强化培养，如认知实践、体验实践、心理团队辅导等方式，包括世界观、人生观、价值观的养成；三是满足年龄结构下心理的娱乐需要；四是规范管理的无差别化；五是提高学习成就感体验。

（三）认知结构优化

中等职业教育办学层次结构，决定了不管是成年人还是未成年人年龄结构，他们的知识认知结构是较基础层面的，与认知、创新学习金字塔尖，距离还很遥远。在优化认知结构中，适合的途径、方式有以下四种：一是拓展认知角度；二是扩大认知范围；三是优化认知资源来源；四是创设认知环境。在这四种方式中，创设认知环境促进认知优化效果显著，也更适合中等职业教育。目前，不只是广西，全国性的校企合作再一次深化，是职业教育认知环境创设的好途径。加深职业教育对象对职业及职业教育环境、要求的认知，促进学习的理性认知，是提高职业教育教学质量的理想途径。

三、资源优化

中等职业教育资源按其归属性质和管理层次区分，可分为国家资源、地方资源和个人资源；按办学层次区分，可分为基础教育资源、职业教育资源和高等教育资源；按构成状态区分，可分为固定资源和流动资源；按知识层次区分，可分为品牌资源、师资资源和生源资源；按政策导向区分，可分为计划资源和市场资源；按归属区域分则分为外部资源和内部资源。在广西中等职业教育中，地方资源、个人资源可争取，固定资源可提升，流动资源可固化，品牌资源要创设保持，师资资源要增长优化，生源资源要培养与促进增长，市场资源要善用与开发。

（一）地方资源、个人资源优化

地方资源优化，主要指的是地方实践资源优化、就业环境优化、心理认同环境优化。地方资源优化需要地方政府的重视扶持。地方经济发展中，地方政府在政策上促进经济实体扶持职业教育、深度进行校企合作或进行企业办学，则中等职业教育实践资源、就业环境就得到优化提升。在政府支持、政策扶持的同时，中等职业学校不能等待，要主动出击，自创自建地方校企合作资源、挖掘合作最大可能深度。例如，挖掘职业院校可以为企业提供的企业科研条件、科研技术力量等。广西农业职业技术学院食品工程系与绿源公司等的合作，是实例之一。

个人资源指的是调动学校教师、职工、校友、学生个人的资源，发动他们利用个人的人脉、社会关系为学校开拓有利的教育教学资源。"一人计短，十人计长"，一人的关系可能微不足道，但是所有人都凝心聚力，将是不可忽视的力量、能量，会逐渐成长为广大的人脉资源。在个人资源的优化中，人心向心力是关键。如何形成向心力，是个人资源优化需要优先解决的问题。归属感的培养、荣誉感的赋值、利益共同体的构建，都是向心力凝聚的常见途径。在这一点上，广西理工学校的做法，是契合了这些途径的本质，是成功的范例。

（二）固定资源提升与流动资源固化

目前，广西中等职业学校固定资源的提升，大多局限在争取政府大型项目的投入，部分学校在争取地方资源的小量投入。例如，广西钦州农业学校在与钦州市钦台农业综合观光休闲有限公司合作过程争取到了公司部分苗木的投入。与南宁市万宇阳光早餐有限公司合作时争取到了将企业引入校园，在校内生产经营。虽然企业的固定资产不算学校资产，但是成为了学校教学的固定资源。利用政府项目争取固定资源提升固然好，但政府的项目投入不是无限的，而且一次投入后，会长时间不再设同一方向上的投入，固定资源更新跟不上行业发展步伐，局限效应三年、五年就会出现。江苏南京金陵高等职业技术学校的校企合作模式，是一个典型的将企业资源转化成学校固定教学资源的成功范例。他们争取到宝马汽车公司与企业生产同步更新学校教学用车型、汽车同型车零部件，保障学校教学跟宝马系列汽车更新换代及发展同步，这值得全国各中等职业学校学习和参考。

流动资源固化，指流动的资源被长时间挽留于一个区域、一个学校。要让流动资源固化，前提是地区、学校在中等职业教育界有一定的名气，或是已经有一定的品牌效应。学校在办学的某一方面资源突出，流动资源利用管理方面有优势，才有让流动资源停驻的资格，长期停驻需要实力支撑。例如，学校争取各种级别的竞赛，如能让竞赛长期定点于一个学校，则原流动于各校的为竞赛准备的资源，就会一定时期内固定于一个学校了。例如，广西柳州市第一职业学校，长时间获得自治区职业技能竞赛机械、汽车、电子类竞赛项目，竞赛使用到的新机械、汽车专业相应设备、新的电子设备设施，就落到了柳州市第一职业学校。每个学校都可以优化本校最具竞争力的专业，展示专业竞争力，争取以优势专业固化流动资源，进一步扩大专业优势竞争力，并辐射其他专业。

（三）品牌资源的创设与保持

一个 LOGO 代表了一个品牌。看到 LOGO 就能知道这个品牌的品质、功用。这就是品牌效应。如北京大学、清华大学、复旦大学这些名校，创建了教育品牌，维持品牌优势并不断发展强化。中等职业教育创设品牌、保持品牌，在市场经济时代更为重要。如果一个职业学校达到在一个区域，说到某一行业人才，别人就能想到培养行业人才的职业学校，这个职业教育品牌就确立并成功地广而告之了。如广西钦州农业学校，在 20 世纪末至 21 世纪初，农业职业教育的品牌效果都很好。北部湾区域农民们要换新品种，第一个想到的是"谁认识广西钦州农业学校的教师，现在农业生产有什么新品种了？"在 20 世纪末，北部湾一带主管农业的领导、基层农业技术人员，基本上是广西钦州农业学校毕业的学生。可惜的是，这个品牌没能保护好并将品牌优势扩大、延续，渐渐在农业行业中被遗忘，丧失了当年创下的品牌优势。

　　品牌资源创设需要先做好品牌创设可行性分析，即确定学校优势资源专业，确定该专业社会发展前景，确定该专业品牌方向，树品牌准备的投入资源预算，树品牌的方案等。在有一定优势资源基础上有前瞻前景的专业结构、资源优化后，专业的优势逐渐突出，在区域内广为人知时，品牌树立前期工作就完成了。再继续扩大专业优势，促进专业在社会经济服务的效应、效益，做好宣传，品牌基本树立。后续的工作就是品牌效益的扩大、创新、发展、维护等。

　　（四）师资、生源资源增长与市场资源善用

　　生源资源增长优化似乎不在学校甚至地方政府可控范围，生源资源增长首要条件似乎在于人口出生率提升或普通高中招生规模缩小。其实地方中等职业教育在生源资源增长上，更应该考虑中等职业教育吸引力潜在的生源增长影响。目前，社会对职业教育特别是对中等职业教育的认知、接纳、认同在提升，工匠精神、生存理念优于地位的观点的认同率在逐步增长，生存技能优化的同时也提升地位价值，只要从教育中能看到希望，生源流动方向定会出现方向性倾斜。以职业前景促进生源增长，才是最根本的生源资源优化，才是生源资源增长的有效、长效模式。

　　借"势"是师资资源优化的途径，发展实力是师资资源优化的根本。生源资源优化与师资资源优化是相辅相成的，与地方经济占位、发展水平相关。学校生源优势是，创造较多的师资空缺环境，才有"地"给专业师资"流入"。地方经济水平提升，教育机构前景远大，机构内教师发展空间大，生源优势可估，则可以吸引到更多的高技能教师的师资流。目前，广西中等职业教育专业教师"流入"渠道不畅，高技能教师缺乏。这与地方区域占位、经济实力有关，更与职业学校发展程度、前景有关。作为全国西部不发达省份，广西壮族自治区职业经济占位，是有点弱。"十二五"期间开始的北部湾城市群建设，是很好的一个"势",职业教育能否趁"势"而上,优化自己的师资资源,将弱势优化掉,看的就是职业学校发展能力及借"势"能力了。在这点上,广西钦州市政府也给了当地职业教育一个"势",引进人才的"势",在文件上给引进人才以优惠政策,如给予硕士生、博士生人才编制、安家费、亲属安置等,在区域经济优势的基础上,增加人才发展福祉,增加吸引力。

市场资源利用向来是国内职业教育弱项。新加坡、德国职业教育的市场资源利用就比较充分。新加坡利用市场资源,建立本土特色的教学工厂,教学资源市场化;德国却是将市场资源教学化,行业资源固定为教学服务,教学也为行业发展服务。两个国家的职业教育都是走双赢的市场资源利用途径。中国那么多年也在探寻市场资源与教学双赢模式,现在比较成功的也只是江苏南京金陵高等职业技术学院,但是江苏南京金陵高等职业技术学院的模式却不是广泛适用和可以复制的。因此,目前市场资源教学优化利用,还在探究中。探索过程并不影响资源优化进程,也许就在优化探索过程中,能探出中国特色的市场资源教学优化利用模式。目前,广西中等职业学校市场资源优化利用常见模式有实践教学资源拓展、就业渠道开辟。但是,职业教育反哺行业、反哺资源供应方较少,造成实践资源开拓、就业渠道开辟并不顺畅。只有职业教育能反哺资源供应方,资源共享,协同正向发展,校企合作才是真正的利益共同体,校企合作才是真正的合作共赢。像新加坡、德国那样,企业与教育是利益共同体,一损俱损,一荣俱荣。这样的资源开拓才具备生命力及可持续发展后劲。

四、政策把握与优化运用

政策把握与优化运用,先决条件是对政策的领悟与判断。对政策理解通透,能正确领悟政策导向,敏锐感知政策指引,才能导向性地提出优化应用政策的对策、思路。这是对决策层的决策能力的考验、检验。要具备这样的决策能力,决策层:一是一直注重政策的通读、解读、讨论;二是熟知社会行业发展态势、大势、趋势;三是关注新科学新技术应用情况、新创造发明情况;四是关注民生需求方向。一个决策层能做到以上四点，对政策的理解把握，肯定是把脉到位，决断理性，运用得当并能适当创造创新。这才是中等职业教育可持续发展之根。

第二节 广西中等职业教育"花盆效应"的破与立研究

从园林园艺学上看，"花盆效应"的打破，比较简单。土壤环境限制大，更换土壤或添加有机肥；花盆太小限制了根冠生长，换个大花盆；光照、水分不足，换个向阳位置、多浇水或拉人工智能光照水分管理系统；病虫害严重，在花盆周边栽种多几种植物，其中含能释放杀菌驱虫气味的植物……园林园艺盆栽管理上，没有做不到的，只有想不到。在职业教育上，"花盆效应"的突破，也是如此。当然，难度、阻障因素、环境复杂情况会更多，需要考虑、协调的东西更多。

一、"花盆结构"的破与立

教育"花盆结构"类别只是据教育需求不同，人为的区分，实质上分类上是有交叉重叠的。如教育"花盆结构"在社会教育学分类中的体制结构、类别结构、专业结构、教育级别结构、学历结构等，在教育生态学上分则是宏、微观结构。结构的破与立要考虑教育系统和环境系统多维角度上的破与立。单一结构的破与立，不构成系统要素条件的破与立，对花盆原有结构的影响小，不会导致新结构形成。这种模式的结构突破，只能是废品或半成品。

（一）"花盆结构"的延伸与拓展

目前，全国上、下热情洋溢做着的是开通建设中等职业教育与高等职业教育立交桥，是打破职业教育"花盆结构"的类别结构、级别结构的模式之一，是职业教育花盆结构延伸和拓展的模式之一。这样结构的打破，在人口资源下降、人口红利锐减的情况下，缓解了高等职业教育资源生源的匮乏，拓展了中等职业教育出口资源。但是，这个立交桥能促成的，是中等职业教育生源资源向高等职业教育流动，不是双向的，没能破了学历结构、体制结构局限，没能充分调动和引发终身学习的生源"流"与"泉"。如果能让这样的立交桥是双向流动而不是时下单向的由中等职业教育往高等职业教育流动，这种结构打破模式才算得上真正的打破，才有助职业教育的社会化、职业化、终身化，才是社会需求满足的最理想模式之一。

（二）"花盆结构"的更替

新旧"花盆结构"更替，不是易事。常见的更替是微观结构的更替。如将中等职业教育在教育层次结构上改变为高等职业教育或改变为基础教育。这样的更替，虽也是职业教育"花盆"的破盆。但是，对中等职业教育的可持续发展不利，不符合教育生态发展需要。真正破职业教育"花盆"立新"花盆"，必须从教育归属管理层次结构上破，从体制结构上破，从教育终身需要上破。中国原有的行业管理职业教育，有着德国双元制的味道，但体制结构元素太重，局限了职业教育的伸展。我们也建有行业职业指导委员会，但行业指导委员会里的成员，以教育系统成员为主，少有真正的行业大腕、工匠。行业指导委员会指导功能，更多落在行政指导上，对职业教育的行业性发展指导调控，显得微弱，与德国的行业指导委员会比较，功能差异太大。

让职业教育重归行业，让行业主导职业教育，更换教育"花盆"，加大市场资源对教育的投入，将会是中等职业教育"花盆结构"重新构建的可行模式之一。在广西乃至全国，这条路，还很长。

二、资源的破与立

外部资源因难破除种种障碍难以被引进，内部资源没能及时优化利用，内、外资源流通转化不畅，是许多职业学校资源利用存在的问题。破除外部资源引进难、内部资源变废为宝，资源共享是利器，专业品牌效应与发展前景是通途。破与立，在资源共享时都能实现。

（一）闲置资源、废弃资源的资源化

在职业院校，因为专业消减或专业发展停滞原因，原专业闲置和废弃的资源闲置率上升。这样的闲置废弃资源，占据资源空间，也浪费资

源，无法进入资源流通，无法为职业教育助力。充分利用闲置资源、废弃资源，资源化利用闲置资源及废弃资源，有助于加快职业教育发展步伐，有助于打破职业教育资源性花盆局限效应。

1. 闲置废弃有形资源的资源化利用

有许多职业院校争取到了大型专业建设项目，但是专业建设项目建设完了，专业并没有红火起来，专业建设投入的设备设施，就成了闲置的有形资源。每个职业院校都有许多设备设施本身就是社会淘汰流进的设备设施，已经不能用于教学，被淘汰后，就成了学校废弃的有形资源。还有其他形式造成的资源搁置、闲置。这样的情况，几乎每一所职业院校都存在，也引起了各方面的关注与思考。

闲置资源共享、重新进入社会流通或开发新的利用渠道等，都是闲置资源资源化利用的模式。

如果一个学校的闲置资源符合另一个学校教学需要且是另一个学校急需的，该校可以以资源交换利用形式共享资源，达成闲置资源利用率的提高。例如，一个学校闲置有形资源，可提供给该校教师进行科研试验与研究，可开辟成学生技能练习或研究的设备设施。这些，都不失为闲置资源利用的有效模式。

废弃资源资源化利用，用"旧壶再装新酒"或给"旧壶重换新颜"，都是比较常见的模式。如上面提到的，将废弃资源交与师生进行创新创业研究，既将废弃资源教学资源化利用了，又能培养学生的创新思维能力。

2. 闲置废弃无形资源资源化利用

闲置的师资力量、暂时"用不上"的专业人脉资源、潜藏的人脉资源等，都属于职业教育闲置或废弃的无形资源，不管高等职业教育还是中等职业教育，这样的资源都存在，各院校的情况各异而已。例如，在大多数中等职业学校，已经萎缩专业的专业教师，学校都是想办法让他们培训转型或以"万金油"形式上着公共课，不停更换着上的课程。没有投入就没有产出。在无形资源的利用上，只着眼于眼前，资源的价值不但得不到放大，反而在不当的使用过程中被贬值。这种随便抓专业课教师上基础课程，不停更换所授课程，对教师的成长很不利，对于专业教师的专业成长，是一种压制甚至于是损害。专业教师在此种转型模式下，专业技能技术在固步自封、倒退、忘却、淘汰，与行业原有人脉资源联系因"道"不同而逐渐疏远、弱化，在社会行业发展同步的轨道上渐行渐远。而所谓的转型成功，应该是在个人意愿之下或学校发展需要引导下，教师跨界成通用型人才，或跨界转专业，追求且跨界后专业成长可见，才称为成功转型。如果只是上课让学生喜欢，不考虑专业素养的成长与传播能力，那就偏离了职业教育师资特别是专业师资培养的初衷。这样的转型，损害了技术资源，损伤了技术人脉资源，而这样的资源是许多人许多年才积攒起来的，不是想有就能有的。

优化闲置无形资源，资源化利用闲置无形资源，让闲置的教师到同专业或相关专业高等学府或行业继续深造、打磨，让其在深造学习过程中思考本专业或相关专业新的发展方向、方式，为专业寻找出路。给予闲置的教师进行本专业、相关专业研究的便利条件、优惠政策和支持，以科研成果重塑专业的社会效益效应，重振专业声威名望，探寻专业复兴的途径。在优化闲置无形资源，资源化利用闲置无形资源过程中维护、拓展专业人脉资源，才是专业可持续发展的王道，也是职业教育必由之路。

（二）新资源的优化应用

所谓的新资源，是指因新项目而购置的固定新资产、因新入职或新开辟、新开拓的人脉或社会其他有形无形资源。新资源的优化应用：①要树立跨界意识、理念，不局限于项目来源本身专业或原用途。②新资源优化运用要有意识培养跨界思维人才，跨界技术人才。虽然术业有专攻，如果人才自身更趋于向多专业、跨界通用型人才发展，这未必不是个人、单位的发展之路。③新资源的优化应用，还在于对新资源的了解、掌握与统筹。对于新资源不了解、不掌握，很难做到合理统筹计划与利用。因此，在新资源统筹利用前，一定做好新资源的收集、分类整理与应用开拓设计。目前，许多职业院校有固定资产登记的部门和人员，但是没有设专门人员进行资源情况收集整理、资源分类和应用开拓设计，特别是对无形资源进行统计、分类、应用开拓设计。因此，各职业院校真实情况是对自己学校现有资源固定资产一清二楚，对无形资源模糊不清。在进行资源优化中，最容易忽略的，就是无形资源。这是资源优化中的大缺陷，让资源优化无法做到最优化，效益效果最大化。

（三）资源的共享与借力

广西职业教育整改及结构优化目前正在实施中，教学整改、结构优化之前或之后，资源的共享，都会促进职业教育水平的提升。在教学整改、结构优化前，资源的共享让学校欠缺的资源得到补充、拓宽，本校资源利用率得到提升和放大；在教学整改、结构优化之后，有些被优化了的专业资源就成了废弃闲置资源，共享是让废弃闲置资源实现资源化利用，让废弃闲置资源保价或升值，让资源价值作用持续，也从中获得新资源、新价值。

资源共享也包括行业社会资源共享，这样的资源共享就是一种借力。例如，甲学校，他们自己没有某一个专业，但是他们学校的校友、教职工的人脉资源中有该专业的社会行业资源；乙学校有该专业，没有该专业社会行业资源，却有甲学校某一专业所没有的社会行业资源，甲、乙两所学校可以联手，互通有无，互相引见介绍双方需要的资源流通。这就是一种借力，也是职业教育发展双赢的资源共享模式，是职业教育可持续发展的协同发展模式。

三、层次的破与立

中等职业教育层次分类，不同的依据，有不同的类别，如依据中等职业学校分级标准有示范性中等职业学校—规范化中等职业学校—合格中等职业学校层次结构，国家级示范性中等职业学校—省级示范性中等职业学校层次结构，国家级重点—省级重点—市级重点—合格中等职业学校层次。在教育生态系统内，这些层次分类，与分类的依据——教学水平评估有关，考评中考量的是层次中教育机构的师资力量、在校生数、资产资源情况等。其中，评估中没有权重的是社会行业技术层次、教育对象教育本身的直通层次，教育对象直通层次，涉及政策的制定、利用及职业教育结构决策等。

（一）技术层次的破与立

作为职业教育，行业技术上没有任何的建树，确实难有吸引力。要有建树，专业教师科研的积极性、科研兴趣、科研的时间，是必须解决的。目前，广西乃至全国各中等职业学校专业教师特别是热门专业教师，都是紧缺的；萎缩专业的专业教师相对宽裕，却被调去上公共基础课或转为他岗，部分没有调去上公共基础课的，也不具备专业科研条件。科研实验设备、设施的使用、耗材的提供，都是投入科研研究必备条件的关键，等到走完所有审批程序、手续，教师的科研热情也耗得差不多，科研的最佳时间段可能也错过了。每一次研究过程中需要用到的器材调用、耗材的补充，都得重新走一遍漫长的程序，一些关键的研究时机，就在这走程序找材料中消磨掉，再多的科研热情，也望而却步。却应了众人口中的"中等职业院校不具备科研能力！"真的是这样吗？如果给足时间、材料、设备、研究空间，相信中等职业学校行业科研成果也是可预期的，如新加坡的南洋理工学校。突破技术局限，不只在学历知识层次，不断实验积累经验和瞬间的领悟，也是技术变革的重要来源。回溯各行各业重大技术变革，各种技术的突破，不见得都是在重点重大实验室产生，许多就是在行业工坊劳作过程中或是瞬间思维碰撞产生的火花，中等职业教育也有教师或学生有专业技术专利产出。例如，广西钦州农业学校电子电器专业的陈家安老师，就有自己研发的国家知识产权局认定的计算机专用节能插座专利。专业技术层次"花盆局限效应"的突破，必须先立中等职业教育也是专业科研技术阵地、领域的理念，解放思想，解放专业教师的研究时间，提供研究必备的条件与空间。

（二）教育直通立交层次的破与立

教育，是没有边界、没有绝对层次的！层次，是人类以自己的理解设定、界定的。撤除人为设置障碍，教育在教育生态系统中也是立体的、无疆界的。目前，教育直通车考虑的，是给予学生继续学习的机会，开通中高职衔接直通高等教育通道。适于终身教育直通层次的考虑，不仅是可上、可下、纵横均可。此外，教师学习深造及就业也应建立立交桥，开通直通车。即中等职业学校的学生通过相关的考试、资格审核、鉴定，有机会跟普通高考考生一样按需求直接选读本科或专科教学，也可以凭考核或学术成果直通以专业技能研究、技术开发为目标的研究生教育；各层次的教师可以通过相应的考试、鉴定、相关资质审验，进行学术性或专业性研究教育，可以继续深造，也可以到普通基础教育学校就业。中等职业学校学生、教师在立交桥上通行，"门槛"设定标准是关键。学生直通应用型本科教育，测试侧重方向应以培养目标确定知识水平测试、应用技术水平，降低要求、以中等职业教育成绩界定，带来的困难和教育困惑。目前，高等职业教育遇到的正是这个难题，正处于两难境地。降低要求、以中等职业教育成绩界定，也将会在社会出现抹去高等教育应有的魅力及水平、拉低"产品"能力效应。中高等职业教育贯通可以用图5描述。这样的直通，真正让终身学习有通途，有希望，也更能激励学习的欲望。

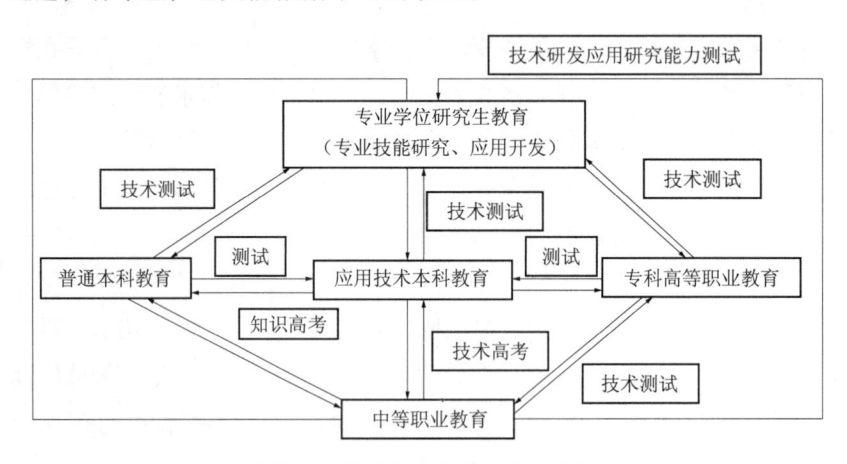

图5 中等职业教育直通高等教育立交桥示意图

各层次教师直通到普通本科、学术性研究教育高校就业，测试的方向应是囊括从岗位知识、学术水平测定，到应用技术、技能、科研水平等。特别是到研究型研究教育高校机构就业，测试的方向就应侧重于教师专业技术技能应用、研发水平。教师高校深造直通车不设"门槛"，教师就业以能力为本位，以教师自己职业生涯自我设计选择为导向，让教师凭自身终身学习知识内涵、能力，争取自己心仪的职业，有利于破除职业倦怠，让学习的方向性更强，动力更足，生活也更有盼头。这样，终身学习，提升个人能力将成为个人需要，激励性更强。个人认为，教师能力提升、深造、就业直通车可以用图6描述。

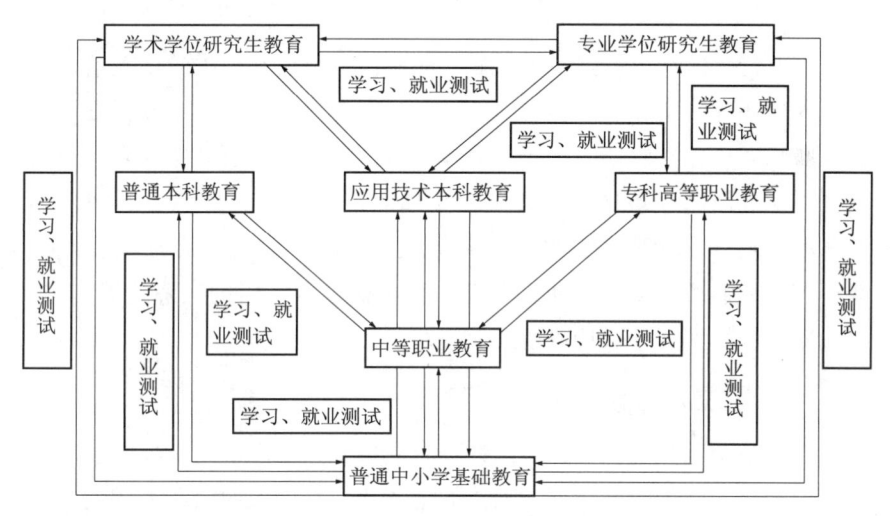

图6　教师能力提升、深造、就业直通车示意图

这样的直通教育，普适于社会自发性终身学习，也更适应于不断发展的社会需要及学习的本身。这样的直通教育与就业模式，体现出学习能力的价值，更能激励教师、学生终身学习，富于学习的成就感。

（三）政策层次的破与立

在国家、民众利益优先原则之下给予教育更大的自由发挥发展空间，就是政策层次的破与立。在利于学生成长、学校可持续发展下大胆创新运用政策，就是政策微观层次的破与立。决策层的保牌、保位、保帽子，是教育、学校发展大忌。"有为才有位!"应是有志于教育事业人的理念、追求、理想。要破解政策活用难、减少政策活用枷锁，应做到以下几点：一是促成单位、学校民心向背同向，与单位、学校发展共利益、共荣辱，培养高的归属感；二是促进单位人人研究政策，为单位、学校出谋献策集众人智慧成风；三是建立政策活用研究、运用、决策团队，风险共担；四是敢于为活用政策下单。

第三节　广西中等职业教育"花盆效应"优势可持续发展研究

广西行政区域，就是一个花盆，职业教育是大花盆中的小花盆，受花盆内外环境因素影响。花盆内外因素起促进作用时，职业教育处于优势发展状态；花盆内外因素起局限作用时，职业教育也必然受阻。现阶段，广西北部湾经济区发展迅猛。交通状况的改变，资源流通速度加快，职业教育发展环境也得到改善优化，原来不利的因素渐渐变成优势。广西职业教育发展也迎来春天。职业教育可以借助经济发展优势，扩大职业教育发展并保持可持续发展。

一、区位、经济、政策优势

在经济全球化的时代，中国的普惠共赢，共享经济是世界共需。经济的全球化，必定带动物流、人才的全球化。作为大西南海上丝绸之路经济贸易带的始发港所在地、大西南的出海口、东盟博览会主展地，在政策倾斜、高速物流、人才汇聚之下，广西中等职业教育发展天时、地利优势齐聚，发展机遇增多。把好区域经济发展的"政策脉搏"，发挥区域经济发展的"天时""地利"之利，是关键。

区位、经济和政策，是职业教育的后盾，是职业教育可持续发展的永生泉。区位、经济、政策优势，带动区域职业教育腾飞，职业教育也要反哺区域经济。利用区域区位、经济、政策优势，追寻行业最优技术及研究行业技术、发展潜在方向，谋求职业教育长效发展之路，是职业教育、中等职业教育可持续发展的根本。

二、研究放大资源优势，谋划资源与职业教育共生的可持续发展道路

1. 人口资源红利在职业教育上的放大

据广西壮族自治区人民政府广西人口发展规划（2016—2030年）

数据，广西近5年人口出生率都是增长的，虽然老龄化大趋势已现端倪，但是人口红利与北、上、广等发达地区相比还在。在北、上、广等经济发达地区流动人口下降时，区域经济优势带动下，广西的流动人口在上升，各港口城市流动人口及外来高端人才量上升。据钦州市新闻办2016年3月25日新闻播报《钦州：再次提高引进高层次人才待遇引进人才安家费最高每人每年20万元》数据：到2016年3月，钦州市共引进高层次人才681人，其中博士生32人，硕士生609人，副高级以上职称40人。高素质人才的流入，促进人口素质的提升。

人，是社会发展的基础。有人，就有一切发展可能。广西能保持人口红利，在引进高素质人口资源时兼顾以直通方式提升人口素质，是职业教育发展的必然方向与途径，形成循环式人才培养模式和环流，不但是社会经济市场需要，也是职业教育、中等职业教育、终身教育的可持续发展之路。

2. 深化物质资源利用，为职业教育注入新内容

广西原是国家经济发展速度慢、经济文化落后地区，许多资源开发因技术及种种原因，没有得到规模性和技术上的大开发，却也因此而留住了丰富的资源。因为经济文化的落后，入驻企业不多，已经入驻企业以往投入和经营范围、内容、方式等都有限。在目前的有利区域经济环境下，这些局限被打破，资源开发利用市场被拓开，资源开发规模化已成大势，行业可在有利政策下放手经营，大展身手，如铝业，如港口物流，如农副产品加工、深加工，如汽车机械制造及其衍生的产业，都往规模化、技术智能化发展。

资源，是行业经济发展的物质基础，也是职业教育发展的物质底蕴与支撑，没有物质、行业资源的职业教育，是没有钢筋、混凝土的楼房。没有职业技术注入的物质、行业资源，是没有生命力的资源，会被社会市场一波接一波的升级需要所淘汰。因此，物质、行业资源，是职业教育的支撑条件，职业技术是行业经济发展的活力，职业教育与行业经济发展协同发展才是共生共存的硬道理。

第四节　广西中等职业教育"花盆效应"长效机制研究

职业教育"花盆效应"局限性效应是我们要摒弃的，促进效应是我们想激发及保持的。探索研究职业教育"花盆效应"促进性效应的长效机制，让职业教育形成稳定成长促进机制，是大家一直在做的事情。在职业教育中，专业、师资、生源的成长，是长效机制中必须面对的关键问题。

一、专业成长"花盆效应"促进效应长效机制研究

在职业教育发展历程中，专业设置上上、下下，出现或消亡，有反复，有长久存在，有几十年内一去不复返的。例如，商品经营专业，自从出现，就是一直存在，在不同的时代以不同的形式、不同的面貌存在。又如农业，经历了原始农业、传统农业，现代农业是农业现在的状态。

如何能让一个专业一直呈平稳发展甚至上走之势？

（一）社会需要是专业长存的必需条件

商品经营、农业技术、机械制造等专业告诉我们，社会需要是专业长存的必需条件。即使在原始社会，生存的需要物质贫乏时代，部落成员中出于需要，都存在着以物易物的行为，虽然当时不能称为商品，更不能称为经营，但它却是商品经营出现的雏形。在旧石器时代，机械制造是石头工具的打磨。为了生存的需要，逐渐产生其他材料的生产工具的生产，当金属被发现和利用后，金属优势的工具利用价值使金属成为工具制造的原材料，机械制造初显。民以食为天，只要有人，生存需要的粮食生产，就不可能消亡。没有农业生产，人类就没有了生存的物质基础，农业在社会历史长河中长存，是不可替代的。这几个专业的长存变化，都在告诉我们，社会需要是专业存在的必需条件。需要形式的改变，是行业变化的根源，也是职业教育专业变化的根源。要让职业教育

的专业在社会中屹立不倒，必须让专业技术技能成为社会时代"必需品"而不是"淘汰品"，是社会当下的需要。如果专业技术技能成为"淘汰品"，意味着被淘汰的专业技术都不再被社会需要，专业花盆局限效应出现并逐步加强，影响专业的生存。研究专业技术技能不断"进化"，保持成为社会"必需品"的条件、途径、运行机制，就是专业赖以长存的有效机制。

（二）紧跟不同社会发展阶段的社会需要模式，是专业稳定发展的唯一途径

以商品经营为例，在商品匮乏时候，以物易物，是时代需要；到商品增多，货币交易中货币代物功能出现，出现销售；现代，商品交易便利的需要，人们不愿意到固定场所交易，出现网络交易。例如，农业生产，20世纪前，人们考虑的是填饱肚子，所以产量提高是农业技术研究方向；20世纪末，温饱已经不是社会主要问题，高产技术基础上，人民考虑的是粮食的安全、品质问题；21世纪，生存环境条件的提升，人们追求的不但是农业高产技术，还需兼顾安全、品质、观赏价值及其他的附加价值，应运而生的是生态农业、观光农业、休闲农业、有机农业。这都是为满足社会日益提升的物质、文化、精神需要。如果农业技术还停留在刀耕火种阶段，没办法在行业内吸引更多的关注与投入，没有收益，也就没有了存在的条件。教育也是如此，只有顺应时代发展需要，有新的行业技术适时甚至提前代入，才能与时代同步并保持良好态势。这些实例告诉我们，社会发展潜在前瞻需要及需要的模式，是专业技术发展的方向。研究社会潜在的前瞻需要，预见社会发展需要，走在社会需要之前，是保持职业教育专业可持续、长效发展的唯一途径。

二、师资成长"花盆效应"促进效应长效机制研究

长期以来，不只是广西，全国职业教育都有师资入职后的继续教育，继续教育的模式主要有各类型的培训、企业实践，各类型的培训以理论视野开拓为主，企业实践是到企业跟岗在岗学习。从模式上看，这两种模式都符合师资成长需要。职业教育特别是中等职业教育师资理论底子较薄，在进行科学研究时，理论支撑明显不足；教学科研中理论延

伸、理论拓展局限性大，在"够用"理论理解偏差下，理论底子一直下滑，确实需要培训提升。企业实践是职业教育解决教师职业技能提升方面问题的方法：一是解决新入职教师技能欠缺问题；二是解决职业教育专业技能滞后问题。模式本身没有问题，作为师资成长长效机制，是可行的。在执行过程中需要注意的是目前已出现的模式的衍生或偏离，如理论培训机构、内容、模式的选择问题。目前，出现有同一专家奔赴不同机构承接培训任务，培训的内容一成不变，甚至所举例子所用词句都一模一样，有教师去了多个地方进行不同内容的培训，但是听的都是同一个人同样内容的课程。真正的企业实践，能让教师的操作能力大幅度提升，比教师自己琢磨研究提升快。目前，职业教育教师企业实践存在的主要问题是名企难进；教师在企业中接触不到核心的、领先的行业技术；教师自身原因的企业实践流于形式，走过场等。目前，职业教师师资水平要真正提升，须做到以下几方面。

（一）加强师资成长培育计划性的针对性

各职业院校应针对每一位教师的专业成长，都做个人和学校的顶层设计。不管是理论的提升还是实践技能提升，都做好规划。个人顶层设计能让个人做好自己专业成长、职业生涯规划，按规划按需要去提升个人能力、资历；学校师资资源顶层设计能让学校预设学校发展前景，统筹安排利于学校发展的资源，合理安排利用资源。目前，师资水平提升最好能做到"订单式"委托培训，个人订单与学校订单相结合。即个人按学校发展规划做好自己专业培训计划，设计自己专业培训内容、模式甚至培训的企业、岗位，提交学校审批、联系并执行；学校做好学校师资培训内容设计，培训机构按单聘请培训人员和安排培训设备场地，学校检查监督培训师资、场地、培训过程是否符合学校订单要求，促进培训的有效性，以提高师资成长针对性、有效性。

（二）创设企业实践长效机制

企业实践流于形式原因很多，没有适用的激励机制和实践效果不理想是其中的关键。例如，教师到企业实践，进不了行业内的有名企业，接触不到行业核心技术，只接触到一般的无太多技术含量且简单重复性工作，教师产生倦怠，没有成就感。学校不安排教学时间内的企业实践，让教师自行安排时间实践，"占用"教师法定休息、休假时间，教师疲累，心理失衡，激不起教师自主实践热情。教师企业实践时间内的薪酬、补贴、路途中的费用等不合理负担，教师无法接受。教师企业实践无法带给企业效益，企业对实践教师冷漠，教师在企业中身份"尴尬"。这些，都是教师企业实践热情不足的常见因素，除此之外，教师企业实践热情不高还有其他种种原因，社会环境及个人因素均不同程度存在。

目前，要打开教师企业实践这个"结"，校企合作深度是个"槛"。要跨过这个"槛"，需要校企双方相互之间有高度的信任，能让教师"浸"入行业发展，教师将与行业发展同声息共存亡作为教师职业发展"己任"。期待 2019 年，国家制定的《国家职业教育改革实施方案》能够将校企合作深度推进，让校企深度合作成为企业、职业教育发展的必然。

1. 落实教师企业实践中促企业发展任务

学校及教师不将企业发展及利益当成己任，不能作为"企业人"代入企业中，难以融入企业运转中。如果教师到企业实践，不能为企业发展作效益上的贡献，不形成与企业共进退的利益共同体，难获得企业的认同，教师难获得进入企业行业发展技术核心，企业实践就只能停在面上的"点"。只有给教师定企业发展任务，将教师企业实践与企业发展实效挂钩，推动教师努力研究企业发展行业技术，沉浸于企业发展必需技术，才易构建校企利益共同体，达成双赢——教师专业技能与企业效益双提升。企业的绝对信任及将教师纳入企业核心技术团队的前提，是教师、学校有足以获得企业信任的技术底蕴、成就。例如，有与企业发展有关的技术发明、专利或相关的杰出技术人才。这样，落实教师企业实践任务，才能落到实处，教师的企业实践才能名符其实。

2. 构建校企技术研究中心，创设教师"浸"于技术实践环境

国内职业院校与企业的联系较松散，企业对职业院校的"企盼"度不高，校企合作"校热企不热"。原因在于职业院校没能为企业发展

提供前瞻性、创新性、效益性技术服务，有些专业技术服务远滞后于企业、社会发展水平。如果职业院校能将协助合作企业发展视为学校专业发展的命脉，与企业合作构建技术研究中心，将成为技术研究中心核心技术员及为企业技术服务作为教师专业成长的目标甚至考核指标，人为创设专业教师"浸"于技术实践心理需要及实践环境，更利于教师专业技术技能的成长，也利于职业学校专业建设发展壮大，创设职业院校专业社会名望与口碑，才能促进职业院校"造就"职业行业"工匠"。

三、资源优势保持的长效机制研究

据广西壮族自治区教育厅、广西壮族自治区人力资源和社会保障厅联合下发的《自治区教育厅 自治区人力资源社会保障厅关于公布2018年度具有中等学历职业教育招生资格学校名单的通知》（桂教职成〔2018〕19号），广西中等职业学校有284所。其中，建校60多年的老职校很多，都有曾经的优势专业，专业发展的过程中都积攒了较丰厚的资源。这些建校半个世纪以上的老职校，师资资源、设施设备资源、专业社会资源，在广西壮族自治区内都是首屈一指的。要保持这种资源优势长存，不只是设备设施资源要不停更新投入，师资资源及教师前瞻性，都需要用心培育，同时要注意呵护好原有的社会声望资源。

（一）新产品新技术科研的重视与投入

技术研发与尖端时代产品，是职业院校吸纳资源的"利器"。北京大学、清华大学的名，在于北京大学、清华大学毕业的学子和他们旗下的产品"名"。北京大学、清华学子，大多数是社会科技产业上的"领头羊"，他们创设的企业及企业产品，业内都是赫赫有名的，如北大方正、北大青鸟、北大维信、清华同方、清华紫光、清华辰安，都是北京大学、清华大学享誉国内外的自创企业，成为学子仰望和追逐梦想的"重器"。中等职业学校也应当有也必须有这样的"利器"，虽然目前这只能是理想。北部湾畔的一所职业学校，在20世纪享誉北部湾，农业新优产品、新技术是"利器"。当年的"新蕾"一号苦瓜、"矮红"一号木瓜及其他高产高抗品种都是那所职业学校的"利器"。整个北部湾甚至区内很多地区都有共识：要找好的农业产品品种、苗，作物有病虫害，牲畜有病，到那所职业学校去，种植类找蔡老师，畜牧兽医类找甘教师、黄老师。目前，之前业内闻名的老师，在职的只有黄老师了，给人"后继无人"的感觉。忽视新产品新技术的科研，北部湾畔这一中等职业学校不是个案，纵观整个广西甚至于全国的中等职业学校，是普遍现象。这种现象的出现，有客观原因，但主观原因是忽视职业院校是社会先进技术源头之一，与社会行业发展脱节是其中的关键因素。中等职业学校不具备技术科研能力和条件，成为忽视行业技术科研的借口。没有行业技术领先的声望，职业学校的吸引力、社会资源会渐渐减少减弱、消亡。

目前，各中等职业学校没有成型的技术研发、科研团队，科研有主管部门，教师科研偏向于"短、平、快"的教学改革、理论性科研等社科性研究，教师能投入真正行业技术研发的时间和精力十分有限。非教学性行政或其他事务占据了教师较多的时间。解放教师的时间，在专业内建设科研团队，给予科研团队便利的资源、扶持，让教师能安心、有激情地钻研科研，这样的投入终有出成果之时。在研究的过程中，原有资源的保持也会得到有效的提升，声望也会促进新的资源流产生。

（二）社会资源的维护、拓展

许多职业院校在专业发展势弱后，对于该专业原有的资源就置之不理或忘却了。这是较典型的专业社会资源搁置。如原有的实践、业务联络单位，渐渐疏远或断绝往来，原来互通有无的，渐渐音讯全无。这种现象的出现，根源在于认为该专业衰退了，不值得或无精力再投入去维护，要把精力和资源转移到新兴专业，保障学校的在校生率。这样的想法、做法，目前是普遍现象，造成许多行业发展衰退速度加快，退出市场的速度加速。社会需要是客观的，各行的退市，并不是真正退出社会需要市场，而是改变形式再"登场"。例如种植业，目前遇上"寒潮"——农村人不种地，农村的孩子看不起种植业不想从事农业。目前的种植业，许多是跨界入行，小农式农业生产经营已经淘汰，高产、高质、产业化、集约化生产是主流。这是不是中等职业学校就不需要培养种植技术人才了呢？答案是否定的。因为即便是集约化、机械化、智能化的生产，也是需要专业技术人员去调配、操控、管理，因为智能设施、机械也有达不到的角度、深度、程度。在人工智能、机械达不到的情况下，需要技术人员去判断、去处理、去弥补。因衰退而放弃原有的优势资源，再创建新资源，会需要更多的资源投入和时间投入，得到的未必是所预期的，甚至可能比不上放弃的。社会资源的稳定、持续，需要持久的维护及拓展，需要另辟蹊径。

目前，"共生"[1]理念、维持业务来往是社会资源维持稳定的根本。行业发展、社会发展如潮水，有涨有落，潮涨时，有潮涨的无限风光；潮落时，有潮汐能的张力。坚持"共生"理念，在行业发展遇上瓶颈时，职业教育能走在行业前，寻找行业瓶颈的突破口，与企业、行业探索专业业务新方向，与企业共"患难"，是职业院校资源维护、拓展的基本的最有效的方法。随波逐流可以让职业院校短时间内跟上时代大潮，但是并不一定能紧跟或长期跟上，也会随着竞争与潮落退出市场。需要维护的资源在潮涨潮落中不断被放弃或消逝，职业院校在潮涨潮落中如果没办法短时期内形成品牌专业效应并传承名牌专业优良特性，容易成为改革浪潮中最早被淘汰的一波。不管是资源的维护还是资源的拓展，都需要决策层的前瞻眼光，需要未雨绸缪。

目前，广西正如火如荼进行着产业技术精准扶贫，许多产业正缺乏技术工人、技术指导人员。据广西壮族自治区农业农村厅科技教育处的消息，农业生产基层很缺乏技术力量，特别是种植及养殖类技术力量，这正是职业院校介入技术扶贫的好时机。职业院校能在技术扶贫中展示学校职业技术力量，是拓展社会资源积攒声望的好时机、好途径。目前，广西有许多职业院校正为此努力，有部分职业院校承接了新型职业农民培育、扶贫整村推进培训。如能主动参与到村办、社会扶贫企业合作社进行企业或生产技术指导、服务中，效果会更佳。例如，广西钦州市钦北区那蒙镇涩山村委内那塘村及周边的自然村，原已存在小规模的

---

[1] 指两种或两种以上的生物生存在一起，彼此间建立起的那种相互依赖、共同依存和互利互惠的现象。

园林苗木产业，农业类职业院校可以介入技术服务，引进新、特、奇品种，将苗木产业做强做大。那蒙涟山扶贫合作社的企业目前在做竹荪栽培产业，农业职业院校可以介入进行菌种制作、栽培技术指导、加工技术服务等。扶贫产业的成功与强大，就是职业院校免费的声望广告，是资源的自然积累与拓展。

结 束 语

职业教育"花盆效应"是正向效应还是负向效应，在于"花盆"生态环境的管理与应用。符合生态态势、自然发展规律的，是正向效应；不符合生态发展需要，违背自然发展规律，阻滞自然生态发展的，是负向效应。职业教育将"花盆效应"短时期内的正向效应充分利用，在正向效应期内，将优势发挥到极致；在正向效应步入衰退期，将"花盆环境"的外延外扩，周围有利环境的拓展延伸与利用立即启动，在博弈中创造新的"花盆"，创造新的正向"花盆效应"，"花盆效应"的局限效应就没有出现、展示、影响的时间、空间。

后　记

　　本书在撰写过程中，遇到许许多多的困难。最大的困难是数据采集，实例查找，以及理论的总结、形成、诠释。虽然处在大数据时代，但数据的共享并不是无偿和容易采集的。往往在一个相关的数据采集过程中，询问了许多相关人员，查找了许多官方的网站。实例因对外交流及接触面原因趋于贫匮，未能走到学术的高层，视角的狭小——归根到底，社会实践、对外交流太少了，太安于一隅了！理论的贫乏，源于对于理论的认识不足，没有养成认真学习并归纳、创新创造自己研究范围学术理论，没养成在研究中积攒、沉积、提炼形成自创性理论甚至于构建理论体系，没有认真研究如何提升理论学习中升华和构建创新性的自研性的理论体系。

　　本书的撰写，感觉掏空了个人几十年的文化底子、素养，但效果并不如意料之中的理想。许多个人对于"花盆效应"的感悟没能深入透彻分析，许多教育现象用花盆理论诠释还比较表面化，没能形成教育花盆现象权威性的个人理论体系，并以典型的实例支撑。虽感觉到许多教育现象都可归入"花盆效应"中，但归纳总结起来，总觉得文字不足表达、不能体现教育"花盆效应"的精髓。一句话："书到用时方恨少！"感谢广西师范大学职师学院，让自己有机会深度剖析自己。感谢广西桂林农校黎德荣老师的加盟，为本书的撰写增加血肉。感谢第二期中等职业教育名师班的同学们，在本书撰写过程中伸出的援手。

费时一年多，本书完整的初稿终于成形，心也终于落到实地。如果还有机会，本人依然选择这种"痛并快乐着"的成长方式。

作　者
2019 年 8 月 20 日